2021 공간 트렌드

스페이스뱅크가 만난 공간들

스페이스뱅크 공간연구소
이원희·이효진·이동연·이예빈 공저

CEOMAKER
씨이오메이커

2021 ──
공간 트렌드
스페이스뱅크가 만난 공간들

초판 1쇄 발행	2021년 3월 15일
지은이	스페이스뱅크 공간연구소·이원희·이효진·이동연·이예빈
펴낸이	김봉윤
펴낸곳	씨이오메이커(ceomaker)
출판등록	제2013-23호
디자인	최현석
교정교열	김봉수
주소	서울특별시 관악구 국회단지 20길 16, 101호
전화	02-877-7814
팩스	02-877-7815
이메일	ceomaker79@gmail.com
홈페이지	www.ceobooks.kr
ISBN	979-11-91157-01-7
값	14,000원

잘못된 책은 구입하신 곳에서 바꾸어 드립니다.
이 책에 실린 모든 내용, 디자인, 이미지, 편집 구성의 저작권은 도서출판 씨이오메이커와 저자에 있습니다.
허락없이 복제하거나 다른 매체에 옮겨 실을 수 없습니다.

2021 ──
공간 트렌드

스페이스뱅크가 만난 공간들

TABLE OF CONTENTS

1 _ 서론   5

2 _ 브랜드, 공간이 되다
    아모레성수   7
    코오롱스포츠
     - 솟솟상회   16
     - 코오롱스포츠 한남   20
    공간 와디즈   30
    이니스프리 공병공간점   38
    팝업스토어 - 두껍상회   46

3 _ 이야기, 공간이 되다
    커먼플랏   53
    동백문구점   60
    꽃술   68
    아뻬 서울&잇츠허니   76
    우들랏   84

4 _ 빛바랜 과거, 새로운 공간이 되다
    연남방앗간   93
    호텔 세느장   100
    일광전구 라이트하우스   108
    정음철물   116
    행화탕   122

5 _ 사회적 가치, 공간이 되다
    제로웨이스트샵 (알맹상점)   131
    유기 동물 보호 (슬로우포레스트)   138
    헤이보울 (채식주의)   146

6 _ 에필로그   154

서론

우리는 늘 공간 속에 존재한다. 우리 주변에는 우리를 둘러싼 다양한 공간들이 있다. 집, 사무실, 작업실, 식당, 카페, 서점, 편의점 등 우리는 공간과 공간을 이동하며 생활한다. 모든 공간에는 그 공간을 사용했던, 혹은 사용하고 있는 사람들의 문화가 담긴다. 공간에는 지나온 세월이 담기고, 현 시대의 가치가 담긴다. 가볍게는 트렌드, 무겁게는 시대정신에 맞지 않는 공간은 빛을 잃고 퇴색되기 마련이다.

전 세계인들에게서 2020년을 몽땅 앗아간 바이러스 'COVID-19'로 갑작스레 도래한 비대면의 시대, 그리고 이에 따른 뉴노멀로 공간에 대한 문화도 달라졌다. 바이러스의 확산을 막기 위해 사람들의 이동이 통제되고 오프라인 활동에 대한 제약들이 따랐다. 오프라인 공간의 이용이 현저하게 줄면서 공간주들의 불안감도 커져갔다. 포스트 코로나를 대비하여 공간주들은 어떤 활로를 찾아야 하는가, 오프라인 공간이 나아가야 할 방향은 무엇인가?

대형 브랜드의 고객 체험형 공간, 순도 100% 사적인 취향으로 탄생한 특별한 공간, 도시 재생의 일환으로 재탄생한 공간, 사회적인 가치를 담고 있는 공간 등 총 네 가지의 카테고리로 분류하여 우리 주변 다양한 유형의 공간을 살펴보았다. 스페이스뱅크만의 관점으로 그 공간들을 읽어낸 사진과 글을 이 책에 담았으며, 각각의 공간들이 지금 우리에게 어떤 가치와 의미를 가지는지 짚어본다. 마지막으로 각 공간들이 보여주는 객관적인 지표와 데이터를 바탕으로 공간에 대한 중심 키워드를 리뷰해본다.

어쩌면 이 책을 통해 '앞으로의 공간 트렌드는 어떻게 변화할 것인가'라는 질문에 대한 답을 찾을 수 있지 않을까.

브랜드가 단순히 매출을 위해서가 아니라, 소비자와의 교감과 소통, 긴밀한 커뮤니케이션을 위해 공간에 투자하고 있다. 그 공간들을 살피고 의미를 짚어본다.

브랜드, 공간이 되다

1_
아모레성수

(by 아모레퍼시픽)

지금 서울에서 가장 '핫한' 동네, 성수동. 그 중심에 눈에 잘 띄는 간판도 없이, 어딘가 비밀스럽고 힙한 바이브를 뿜어내는 아모레성수가 있다. 각종 화장품과 생활, 건강 용품을 만드는 브랜드인 아모레퍼시픽에서 만들고 운영하는 공간이다.

국내 최정상급을 넘어, 미국 WWD에서 선정한 세계 100대 뷰티 기업 7위를 차지한 굴지의 뷰티 기업, 아모레퍼시픽이 만든 '화장품을 판매하지 않는' 미스터리한 공간이다. 아모레성수는 개관과 동시에 뜨거운 사랑을 받으며 '성수동 핫플'로 자리매김했다.

수많은 사람이 SNS에 아모레성수 방문을 인증하며 후기를 남겼다. 과연 아모레성수의 매력은 무엇일까? 방문 전부터 아모레성수에 대한 기대치는 한껏 올라가 있었다.

성수동의 어느 골목, 커다란 회색빛 콘크리트 건물 사이로 풀과 나무, 이끼가 붙은 바위가 보인다. 언뜻 밖에서 보기엔 좁은 틈처럼 보이지만, 안으로 들어가보면 생각보다 꽤 커다란 정원이 있다. 과거 자동차 정비소였던 공간의 인테리어를 일부 보존하여 골목골목 즐비한 정비소와 공장들로 채워진 성수동만의 정서가 잘 묻어난다. 콘크리트와 돌, 바위, 벽돌 그리고 천장에 매달려 있는 기계 장치 같은 것들이 '화장품 브랜드'가 만든 공간에 약간의 이질감을 얹는다.

부조화 속의 조화에서 힙함이 생겨난다. 이 거친 느낌 덕분에 공간 내부의 커다란 통창 밖으로 보이는 정원, '성수 가든'의 매력이 배가 된다. 하지만 적당한 선에서 거친 느낌을 마감하고, 세련미와 정갈함을 더한다.

공간은 크게 3개 층으로 나누어져 있다. 1층은 리셉션과 클렌징 룸, 라운지와 뷰티 라이브러리, 샘플 존인 성수마켓으로 구성됐다. 관심 있는 제품들을 둘러보고 픽업한 뒤, 클렌징 룸에서 세안을 하고 라운지에서 성수 가든을 바라보며 제품을 발라볼 수 있다. 한쪽 코너에는 아모레퍼시픽의 전신인 태평양화학공업사의 창립부터 기업의 히스토리를 당시 사용했던 홍보물, 제품을 활용하여 전시하고 있어 과하지 않은 레트로 무드도 자아낸다. 2층엔 아모레퍼시픽의 F&B 브랜드인 오설록이 입점해 있고, 3층은 성수동이 한눈에 보이는 탁 트인 조망의 루프탑이 있다. 오래 머무르고 싶게 만드는 다양한 요소들을 적재적소에 배치해, 본격적으로 공간을 즐기다 보면 두어 시간은 금세 지나간다.

아모레성수의 뷰티 라이브러리에는 2,300 여개에 이르는 제품이 전시되어 있다. 30여개의 자사 화장품 브랜드의 제품들도 한 곳에 모았다. 열 손가락 깨물어 안 아픈 손가락 없듯, 브랜드 하나에 심혈을 기울여 만들고, 가꿔왔을 터인데 아모레는 과감히 브랜드는 지우고 제품만 남겼다.

영리하게, 철저하게 소비자의 입장에서 제품을 체험하기 좋은 공간을 구현했다. 기초라인부터 색조와 남성 전용 라인까지, 아모레에서 생산한 모든 제품을 브랜드 대신 기능 위주로 조직하고 배열했다. 덕분에 소비자는 한 자리에서 다양한 브랜드의 제품을 비교할 수 있다.

아모레성수는 화장품을 판매하는 대신, 잠재적 소비자에게 브랜드에 대한 고급스러운 경험을 제공하며, 브랜드의 빅픽처를 그리는 공간이다. 어마어마하게 많은 것들이 오프라인에서 온라인으로 플랫폼을 옮겨가고 있지만, 코스메틱은 온라인만으로는 분명한 제약이 있는 분야다. 화장품은 직접 사용해보지 않고는 나에게 맞는지 맞지 않는지 확인하기 어렵다.

포장 용기에 전성분을 아무리 자세하게 늘어놓아도 내 피부에 직접 테스트해 보아야만 제품과 나의 궁합을 알 수 있다. 화면으로 보이는 색상이 내 피부톤과 어울리는지 판단하기 어렵다. 하늘 아래 같은 색조는 없다는 말처럼 핑크에도 수십, 수백 가지의 핑크가 있을 것이고, 이른바 '착붙템'을 찾으려면 테스트는 필수다. 온라인으로 주문하면 반품, 교환 같은 귀찮은 절차를 거쳐야만 하기에 코덕들에게 오프라인 매장은 아주 중요하다.

각 브랜드 오프라인 매장을 돌며 테스트를 해봐야 하는 수고로움을 덜어주는 기특한 공간, 큰 음악소리와 마이크를 통해 흘러나오는 호객 멘트, 매장 직원의 부담스러운 구매 권유, 타인의 동선에 방해가 될까봐 거울 앞에 바짝 붙어 소심하게 제품을 발라보던 경험 등 기존의 소비자들이 겪었을 아쉬움을 완벽하게 만족감으로 채워줄 수 있는 공간.

아모레성수는 공간 그 자체만으로 어떤 마케팅 캠페인보다도 강력하고 효과적인 스페이스 브랜딩 솔루션인 셈이다. 아모레성수가 사랑받는 데에는 그럴 만한 이유가 있다.

아모레성수

서울 성동구 아차산로11길 7
@amore_seongsu
02-469-8600

1_
아모레성수
공간 데이터

별점평균  (4.8점)

리뷰 수 총합   **609**개

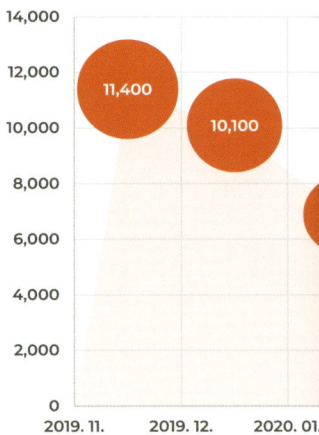

- **분석 기간**: 2019.09~2020.11
- **분석 소스**: Blog, Community, SNS

- 다양한 화장품을 부담 없이 편안하게 사용해볼 수 있는 공간이 핫플레이스 성수동에 생겼다는 소식으로 뜨거운 반응을 일으켰다. 구매가 아닌 체험과 화장품 테스트에 중점을 둔 공간이기에 '체험', '화장품'과 '샘플'에 관련된 키워드가 많이 언급되었다. 아모레성수안에 조성되어 있는 정원인 '성수 가든'은 SNS에서 핫한 포토존으로 소문이 나 아모레성수의 방문율을 꾸준히 높여주고 있다.

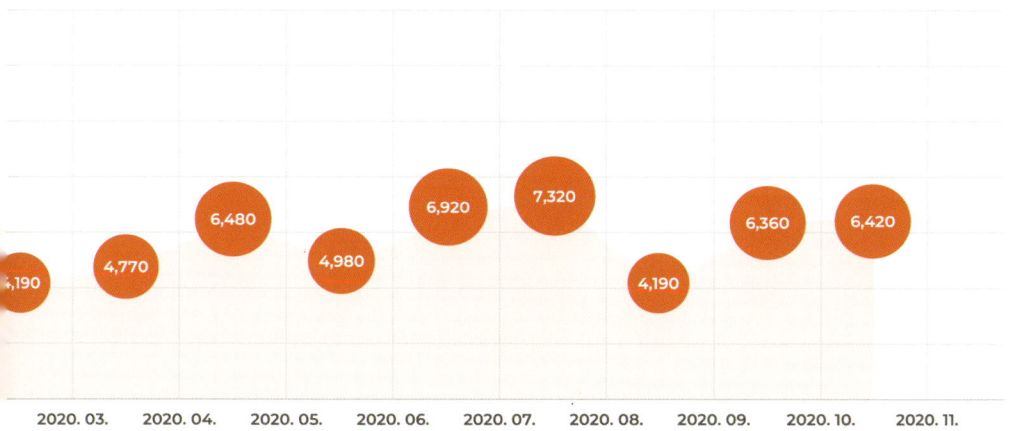

2020.03.	2020.04.	2020.05.	2020.06.	2020.07.	2020.08.	2020.09.	2020.10.	2020.11.
4,190	4,770	6,480	4,980	6,920	7,320	4,190	6,360	6,420

1년간 월별 검색량 그래프 ▲   연관어 트리맵 차트 ▼

221 아모레퍼시픽	165 제품
145 화장품	107 오설록	107 브랜드
74 메이크업	61 아이오페	55 카페	52 크림스킨
72 체험	52 피부	46 연구소	39 클렌징
71 정원	51 샘플	38 서울	37 탄력

2_
솟솟상회 | 코오롱스포츠 한남
(by 코오롱스포츠)

① 솟솟상회

솟솟상회, 이름만 들어서는 도무지 어떤 곳인지 짐작하기 어렵다. 요즘 유행하는 뉴트로 콘셉트의 슈퍼마켓인가? 여러 브랜드의 체험형 공간을 조사하다가 알게 된 솟솟상회는 뜻밖의 공간이었다.

이름에 이어 위치로 한 번 더 뜻밖의 아리송함을 주는 공간, 종로 낙원상가 1층에 위치한 솟솟상회는 아웃도어 의류 브랜드로 익숙한 코오롱스포츠에서 운영하는 콘셉트 스토어다.

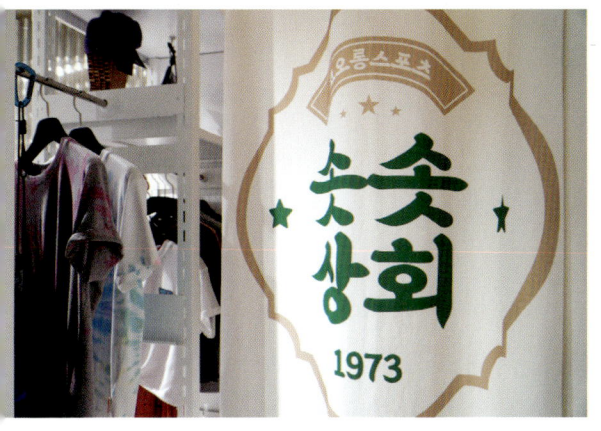

언제부터 기억 속에 존재했는지도 모를 만큼 오랫동안 알고 지내왔던 브랜드, 코오롱스포츠. 그 이름이 뇌리에 남아 있는 세월이 오래 쌓여서 그런지 내게는 올드한 느낌이 강한 브랜드였다. 잘 알지는 못하지만 젊은 사람들이 주 소비층이 아닐 것 같다는 막연한 생각도 했었다. 어쩌면 내가 코오롱스포츠의 주력 상품군인 캠핑이나 등산 등의 아웃도어와 거리가 멀기 때문이었는지도 모르겠다.

이 공간은 코오롱스포츠의 상록수 로고를 한글로 재치 있게 변형해낸 솟솟을 네이밍에 활용하면서 전반적인 콘셉트를 최근 열풍이 되어 불고 있는 '뉴트로'로 잡아 브랜드의 헤리티지 상품을 리셀한다.

처음 브랜드를 론칭했던 시절부터 지금까지 사랑받았던 제품들을 엄선해서 전시하기도 하고, 해당 제품들의 디자인이나 컬러 포인트를 활용해 현대적으로 재해석한 특별한 제품도 선보인다.

젊은 층을 타깃으로 최신 유행하는 신상도 함께 매치했는데, 이 조합이 무척 힙하면서 트렌디한데 거기다 조화롭기까지 하다. 브랜드에 대해 가지고 있던 나의 고정관념이 완전히 깨지는 순간이었다.

솟솟상회에서만 구매할 수 있는 한정판 아이템도 있고, 의류나 가방 등의 소품에 이니셜과 각종 코오롱스포츠의 상징적인 일러스트 디자인을 담은 와펜 등을 부착하는 커스터마이징도 가능하다. 현재는 아티스트 '새소년'과의 콜라보레이션이 진행 중이어서 새소년 MD상품 아이템도 구매할 수 있다. 이 스페셜 레트로 무드의 MD상품들을 구경하는 재미도 쏠쏠하다.

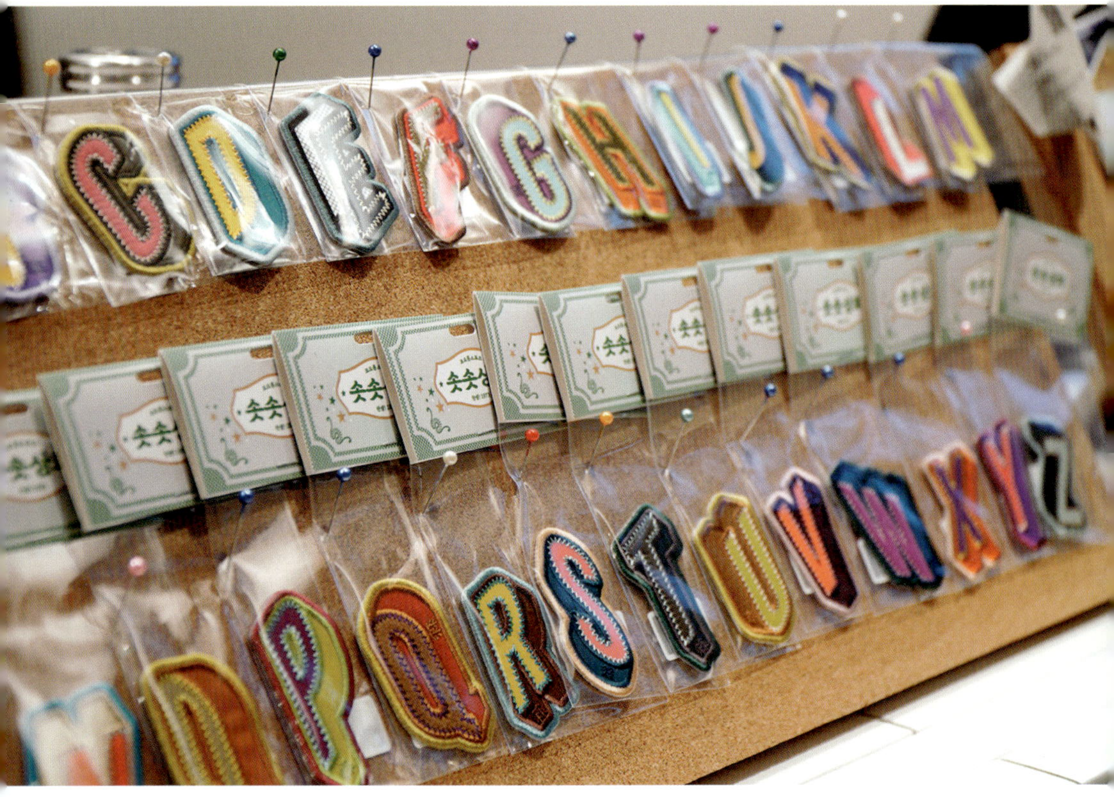

브랜드가 지향하는 가치는 소비자가 브랜드에 대한 가치를 평가하는 중요한 기준점이 되었다. 소비자들은 점점 더 많은 정보를 가지고, 합리적이면서도 '착한' 소비를 원한다. 나의 소비를 통해 사회에 긍정적인 영향을 주려면 내가 생각하는 올바른 가치를 지향하는 브랜드를 잘 골라내야 한다. 솟솟상회를 통해 코오롱스포츠의 환경을 생각하는, 지속 가능한 비즈니스에 대한 고민도 엿보인다. 기존 매장에서 사용하던 집기를 리사이클링해 솟솟상회의 매장을 꾸민 부분도 인상 깊다. 공간 내에 있던 큼지막한 벤치에는 '청담 직영의 벽면 집기와 침낭 제품을 재사용하여 제작'되었음을 알리는 문구가 적혀 있다.

솟솟상회

서울 종로구 삼일대로 428 낙원상가 1층 점포2호
@kolonsport_market
02-747-3380

공간 자체도 참 아기자기하고 디테일에 신경을 많이 써서 구성했다는 느낌이 든다. 소비자와의 추억으로 열심히 채워 넣은 브랜드의 상징적인 공간을 통해 소비자와 브랜드가 한층 더 가까워지게 된다. 브랜드에 무지하던 사람이 잠재적 소비자가 될 수 있도록 어필하고 끌어당기는, 구석구석에 세심함이 돋보이는 정성스러운 공간이다.

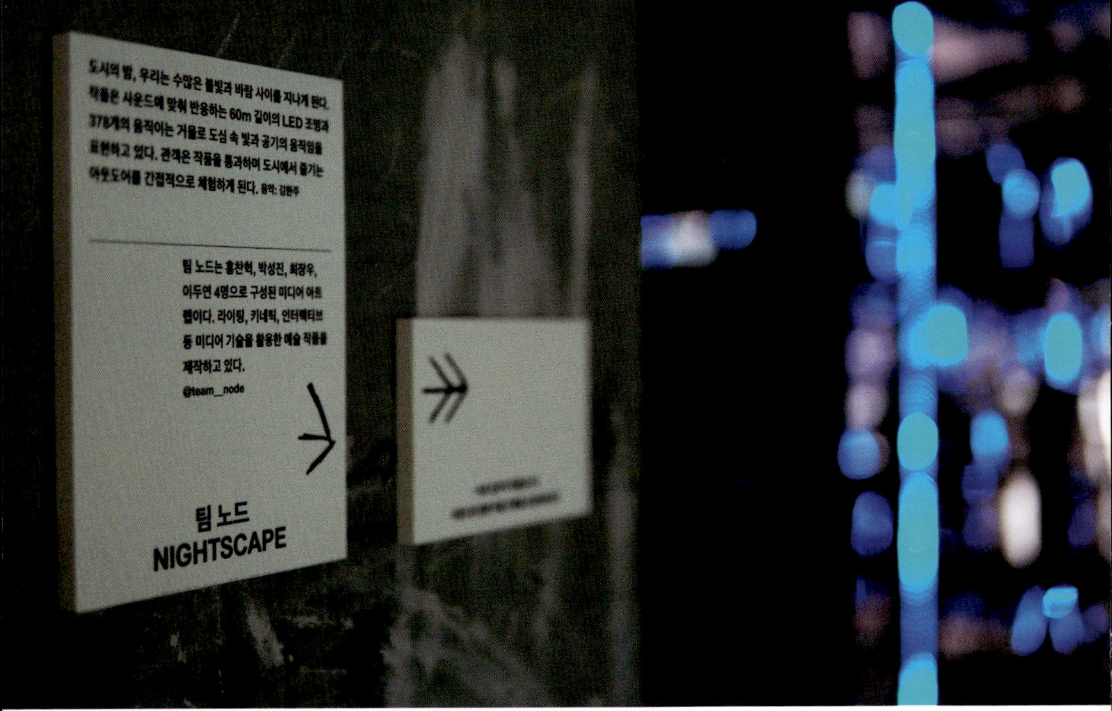

② 코오롱스포츠 한남

'경험 경제'의 시대, 제품과 서비스를 넘어 이제 브랜드들은 차별화를 위해 경험을 제공하기 시작했다. 기업이 일방적으로 제공하는 제품과 서비스가 아니라 고객들이 그들의 취향과 니즈에 맞는 경험을 갖는 것이 중요해진 것이다.

작년부터 내로라하는 브랜드들이 체험형 매장을 오픈하기 시작한 것도 e-커머스의 발달로 오프라인 매장에서는 구경만 하고 실질적인 구매는 온라인에서 하는 추세의 영향이 클 것이다. 이에 많은 브랜드들이 전시 공간과 판매공간을 한곳에 담은 쇼룸을 구성해 제품의 판매보다는 브랜드 이미지를 제고하고, 고객에게 새로운 경험을 주는 것에 주력하고 있다.

수많은 체험형 매장 중에서 코오롱스포츠는 단연 두각을 나타낸다. 코로나19의 영향으로 유동 인구가 줄고, 언택트 시대가 열리면서 많은 오프라인 매장이 운영에 어려움을 토로하고, 급기야 매장을 철수하는 단계까지 이르렀다. 하지만 코오롱스포츠는 이러한 악천후 속에서도 꿋꿋이 그들만의 행보를 이어가고 있다.

작년에 오픈한 '솟솟 618'을 시작으로 다양한 콘셉트 스토어 매장을 오픈하며 코오롱스포츠는 새로운 브랜드 이미지를 보여주기 위해 노력하고 있다.

'솟솟 618'과 '솟솟상회'에서는 브랜드 이미지의 변화와 지속 가능한 비즈니스에 대한 브랜드 철학을 전하려 했다면, 이번에 새로 오픈한 '코오롱스포츠 한남'에서는 모험과 도전 그리고 자연을 향한 경외를 아웃도어 라이프스타일로 보여주겠다는 명확한 콘셉트를 가지고 있었다.

이러한 메시지를 전시를 통해 녹여내고 소비자들이 직접 보고 체험할 수 있도록 매장을 구성했다.

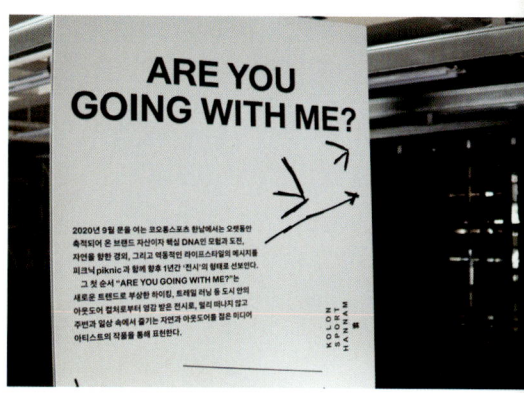

매장 1층에 들어가자 마자 볼 수 있는 전시 작품들은 코오롱스포츠 제품과의 유기적인 연결성이 돋보인다. 새로운 트렌드와 취미생활로 급부상한 하이킹, 캠핑 등 도시에서도 즐길 수 있는 아웃도어 컬처를 예술작품으로 잘 표현했다는 생각이 든다.

큰 스크린과 수많은 LED조명이 세련되고 도시적인, 나아가 인위적인 느낌을 주는데, 동시에 자연과 아웃도어를 나타내는 그래픽과의 조화가 신선하다.

코오롱스포츠 한남은 MZ세대의 사랑을 받는 감각적인 문화공간 piknic을 기획한 글린트와 함께 향후 1년간 다양한 콘셉트의 전시를 통해 그들의 철학을 표현할 예정이라고 한다.

시즌별로 매장 디스플레이를 바꾸는 것처럼 전시 주제를 바꾸면서 고객들에게 꾸준히 그들의 콘텐츠와 메시지를 전달한다는 기획에서 그들이 소비자들과 다방면으로 소통하려고 노력한다는 것을 엿볼 수 있었다.

건물 내외의 전체적인 소재는 메탈과 돌, 나무, 물과 같은 자연이다. 극단적인 물성의 대비가 매력적이다. 빌딩 숲에 살지만 늘 자연에 대한 갈망을 품고 사는 현대인의 마음을 나타내는 것 같기도 하고, 차갑고 삭막한 도심 속에서도 자연의 싱그러움을 잊지 말자는 메시지로 다가오기도 한다.

지하 1층은 돌과 나무 그리고 메탈을 활용해 상품이 디스플레이 되어있어, 마치 도심 속에 자연스럽게 녹아 든 '자연'같다.

계단을 내려오면 보이는 스크린에서 비추는 도시의 전경과 그 앞에 걸려있는 옷이 "도심 속에서 아웃도어를 탐하다."라는 슬로건을 대변하고 있는 듯한 느낌이 든다.

최근 전 세대에 걸쳐 인기를 얻고 있는 하이킹과 글램핑을 겨냥한 듯 등산화, 등산 스틱, 배낭, 캠핑의자 등 다양한 품목들로 구성되어 있다.

매장 한편에는 코오롱스포츠 한남만을 위해서 개발된 디퓨저가 놓여 있다. 촉촉한 흙내음을 베이스로 빽빽한 침엽수림을 담아낸, 이 공간만을 위해 탄생한 '그리너리'라는 향이 코오롱스포츠 로고 속의 상록수를 연상케 한다. 브랜드가 소비자에게 다채로운 경험을 선사하기 위해 얼마나 고심해서 준비했는지 알 수 있었다.

코오롱스포츠 한남은 그들이 가진 명확한 메시지와 철학을 공간에 잘 녹여낸 공간이다. 코오롱스포츠가 가지고 있는 이야기를 공간을 통해 매력적으로 풀어내면서 그들이 가고자 하는 방향을 잘 보여준다.

문득 이 브랜드가 앞으로 어떤 공간을 통해서 또 어떤 방식으로 그들의 아이덴티티를 표현할지 궁금해졌다. 이번에 방문한 코오롱스포츠 한남은 앞으로도 여러 방식으로 변화할 예정이라고 한다. 다음 전시로 프라이노크와 협업하여 'City Survival'이라는 주제로 새로운 콘셉트와 제품들로 쇼룸을 꾸민다고 하니 또 어떤 색다른 모습일지 기대가 된다.

코오롱스포츠 한남

서울 용산구 이태원로 260
@kolonsport_hannam
02-749-0656

2_
솟솟상회
공간 데이터

별점평균  (4.3점)
리뷰 수 총합 　　　　　66개

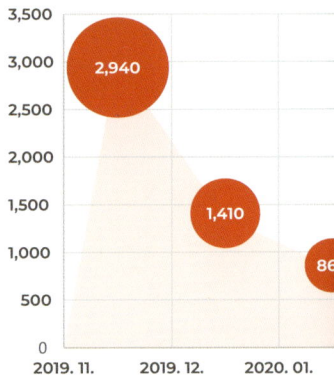

- **분석 기간**: 2019.11~2020.11
- **분석 소스**: Blog, Community, SNS

- 레트로 감성을 가지고 있는 낙원상가에 솟솟상회가 자리 잡았다. 어른들의 등산용품 브랜드라 인식되었던 코오롱스포츠가 밀레니얼 세대의 마음을 사로잡기 위해 노력하고 있다. '자연'으로 가는 가장 좋은 방법을 슬로건으로 삼아 친환경적인 마케팅을 펼치고 있어 이와 관련된 키워드가 많이 언급되었다.

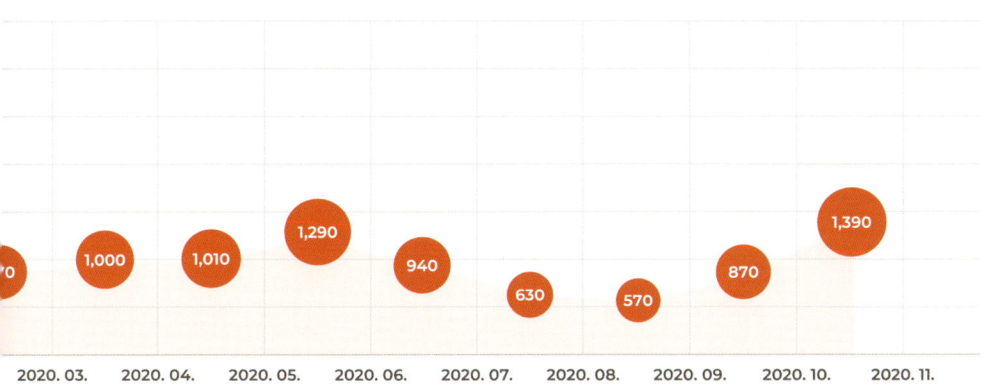

1년간 월별 검색량 그래프 ▲   연관어 트리맵 차트 ▼

166 kolonsport	152 낙원상가
147 상회	50 등산 / 48 도심 / 44 아웃도어 / 44 트레킹 / 40 나이트하이킹
72 자연	39 브랜드 / 37 쓰레기줍기 / 37 도시
66 마더그라운드	39 트레일러 / 35 인문학 / 32 하이킹 / 32 등산스타그램
61 서울	

2_
코오롱스포츠 한남 공간 데이터

별점평균 ★★★★☆ (4.6점)
리뷰 수 총합　　　　　**34**개

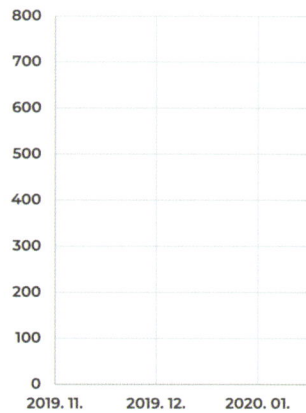

132
코오롱스포츠

130
코오롱

- **분석 기간**: 2020.09~2020.11
- **분석 소스**: Blog, Community, SNS

- '도심 속의 자연'이라는 콘셉트로 9월 한남동에 새로운 플래그십 스토어를 오픈한 코오롱스포츠. 문화 콘텐츠 전시와 제품 판매가 함께 이루어지는 체험매장이다. 다양한 문화 콘텐츠를 즐길 수 있어 전시 작품과 작가에 대한 언급이 많이 되었고 오픈 이후 꾸준한 인기를 얻고 있다.

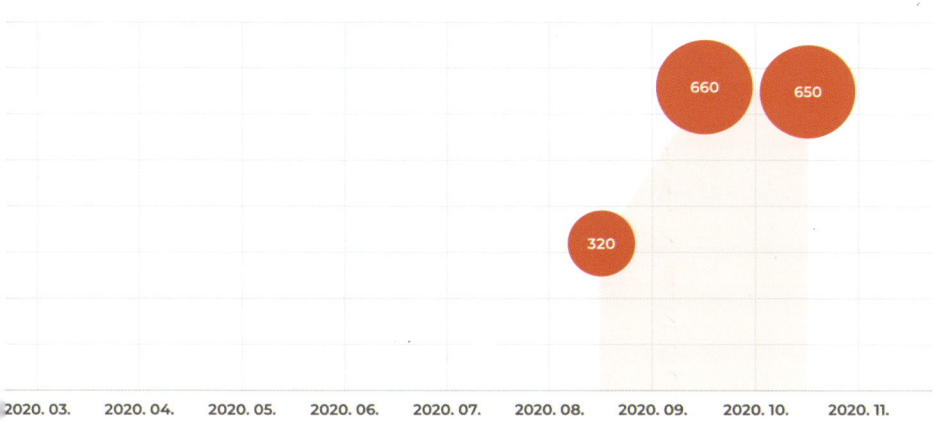

1년간 월별 검색량 그래프 ▲   연관어 트리맵 차트 ▼

65 kolonsport		49 전시	
47 스포츠	20 한남동	19 용산구	18 남산
	18 하이킹	15 용산	14 피크닉
39 서울	16 공간	12 플래그십 스토어	11 주제 / 11 달리기
20 아웃도어	15 입자필드	11 작품	10 안타

3_
공간 와디즈
(by Wadiz Funding)

'없던 것을 있게 하라.' 국내 최대 크라우드 펀딩 플랫폼인 와디즈에서 슬로건으로 내건 문구이다. 창작의 영역에서 빈번하게 들어왔던 '하늘 아래 새로운 것은 없다.'라는 말에 당당하게 반기를 드는 듯한, 어떤 박력마저 느껴지는 문구다.

실제로, 와디즈에서는 세상에 없던 온갖 새로운 것들이 나날이 탄생하고 있다. 와디즈는 스타트업과 소규모/개인 메이커들에게 없어서는 안 될, 자본과 고객 그리고 안정적인 무대를 제공한다. 소비자들은 와디즈를 통해 메이커와 교감하고 소통하며 '딱 내가 찾던 그' 상품이 탄생하는 과정에 참여한다. 이들을 와디즈에서는 단순 소비자가 아닌 서포터라 칭한다.

공간 와디즈

공간 와디즈는 메이커와 서포터가 온라인이라는 가상 공간을 벗어나 실제로 오프라인에서 좀 더 가까이 거리를 좁혀 만날 수 있도록 오픈한 진짜 '무대'다. 관심있게 지켜보던 제품, 그러나 아직 시판되지 않아 상세페이지 속에서만 마주하던 제품들을 직접 보고 체험해 볼 수 있는 체험형 공간이다.

이 공간은 '없던 것을 있게' 만들고, 그것을 세상에 내보이는 과정 속에서 필연적일 수밖에 없는 한계점을 보완하고자 하는 노력의 일환이다. 크라우드 펀딩이라는 비즈니스 모델을 가지고 온라인 플랫폼으로만 소통하던 브랜드가 오프라인 스페이스를 구축함으로써 소통의 폭을 넓히고, 입지를 더 단단히 하겠다는 포부가 느껴진다.

성수동의 어느 좁은 골목 사이로 들어가면 거짓말처럼 넓은 마당과 함께 낮고 널찍한 직사각 형태의 공간 와디즈의 본 건물이 눈에 들어온다. 오래된 건물의 외관을 최대한 살려 성수동의 빈티지한 멋이 느껴진다. 마당엔 와디즈를 상징하는 민트 컬러의 풍선이 가득 찬, 유리 상자 같은 작은 공간이 있는데, 원래는 경비실로 쓰이던 공간을 개조해 와디즈만의 톡톡 튀는 감성을 담아 포토존으로 만들었다.

건물은 총 4개 층으로 이루어져 있다. 1층엔 현재 펀딩이 진행 중인 제품들이 전시된다. 서포터들은 온라인으로만 보던 제품에 대한 직접적인 경험을 통해 신뢰를 얻는다. 메이커에 대한 신뢰와 함께 좋은 제품을 알아본 자신의 안목에 대한 뿌듯함도 느껴볼 수 있을 것이다.

2층은 메이커들의 공간이다. 한쪽 코너에는 성공적으로 펀딩을 마치고 제품성을 인정받은 제품을 판매하는 셀렉샵이 있고, 중앙에는 카페 라운지가 운영 중이다. 통 유리창을 통해 보는 성수동의 풍경이 나름대로의 운치가 있다. 이곳에서 각종 미팅과 협업이 가능하다.

안쪽으로는 독립된 워크 스페이스가 있어 아직 사무실이 없는 초기 메이커들이 업무를 볼 수 있도록 했다. 3층은 루프탑, 지하 1층은 네트워킹의 장이 되는 스퀘어 공간이다. 이곳에서 메이크 활동과 관련된 각종 강연이나 이벤트, 행사 등의 네트워킹이 이루어진다.

이번 콘텐츠를 준비하면서 공간 와디즈를 만든 담당자들의 인터뷰를 보았다. 입지 선정, 공간의 분할, 인테리어 등 기획 단계에서부터 실제 공간을 세팅하기까지의 심도 있는 고민이 느껴졌다.

실제로 제품의 디스플레이나 한 쪽 벽면을 크게 장식하고 있는 미디어 아트 등 디테일한 부분까지 세심하게 공을 들인 티가 났다.

'뭔가 새로운 것들이 끊임없이 생겨나는', '트렌드를 쫓아가기보다는 자기의 주관과 안목을 가지고 뭔가를 찾으려고 하는 사람들이 모이는 지역'이기 때문에 성수동을 택했다는 와디즈. 와디즈에서 벌어지는 수많은 프로젝트에 대한 본질을 현실 공간에 실재하게끔 잘 구현해 낸, 심지가 굳은 공간이라는 생각이 든다.

공간 와디즈

서울 성동구 연무장1길 7-1
@gonggan_wadiz
02-6213-3600

3_
공간 와디즈
공간 데이터

별점평균 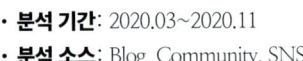 (4.2점)

리뷰 수 총합   **404**개

2,473
와디즈

939
성수동

- **분석 기간**: 2020.03~2020.11
- **분석 소스**: Blog, Community, SNS

- 크라우드 펀딩 플랫폼인 와디즈가 오프라인으로 사업영역을 확대하며 공간 와디즈를 성수동에 오픈했다. 펀딩 예정인 상품들을 직접 사용해볼 수 있고 이용자들의 피드백을 받을 수 있다는 메리트가 있어 오픈부터 큰 관심을 받았다. 다양한 카테고리의 물건들이 펀딩을 받기 때문에 연관 키워드로 여러 제품군이 등장했다.

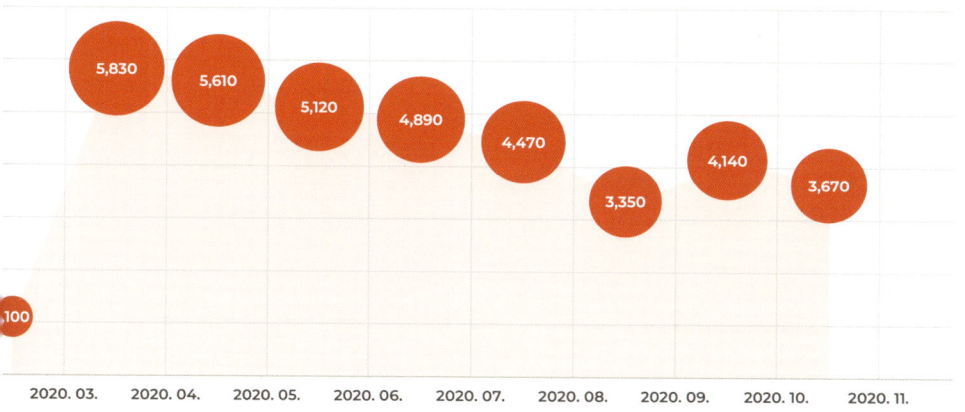

| 2020.03. | 2020.04. | 2020.05. | 2020.06. | 2020.07. | 2020.08. | 2020.09. | 2020.10. | 2020.11. |

100, 5,830, 5,610, 5,120, 4,890, 4,470, 3,350, 4,140, 3,670

1년간 월별 검색량 그래프 ▲   연관어 트리맵 차트 ▼

871 공간			
239 제품	98 다쿠아즈		84 프로필
	72 선물		71 서울
191 이벤트	64 성동구	61 서포터	61 오프라인
149 전시	57 향수	50 관심	48 향기
138 체험	53 브랜드	48 클릭	47 디자인

4_
이니스프리 공병공간점
(by 이니스프리)

방문자가 처음 매장에 들어서면 눈앞에 보이는 공간의 구조나 색감, 조형물에 의해서 그 매장의 인상이나 콘셉트가 결정된다.

대리석 혹은 요즘 유행하는 마블 패턴의 머그잔이 연상되기도 하는 독특한 색과 패턴으로 꾸며진 이니스프리 공병공간점은 세련되고 감각적이라는 느낌이 든다. 입장과 동시에 초입의 커다랗고 낯선 기계는 이 공간에 대한 호기심을 자극한다.

매장 입구 투명한 유리 위에 쓰인 문구가 눈에 들어온다. '다시, 아름다움을 담다. 아름다운 재료를 담고 있었던, 쓰임을 다한 공병은 다시 아름다움을 담아내는 공간과 오브제로 새롭게 태어난다.'라는 문구는, 공병공간에 대해 어렴풋이 추측하고 있었던 궁금증을 풀어준다.

고객과 자연의 건강함을 지키기 위해 친환경 그린 라이프를 실천한다는 브랜드 가치를 이어오고 있는 이니스프리는 2017년 삼청동에 브랜드 체험관인 공병공간을 오픈했다.

공병공간은 여느 매장과 다를 것 없이 이니스프리의 제품을 판매하고 있지만, 업사이클링이라는 콘셉트를 가진 매장이라는 점이 다른 매장과의 차이점이자 특징이다. 매장 한쪽 벽면에 커다랗게 위치한 모니터를 통해 쓰임을 다한 공병을 수거해서 분쇄하고 재활용하는 과정을 담아낸 영상이 재생된다.

이 공병이 어떤 것으로 재탄생 되었는지 그리고 어떤 친환경적인 효과를 내고 있는지도 볼 수 있다. 지은 지 80년이 된 한옥 두 채를 연결해서 만든 이곳 또한 내·외부 공간의 70%를 23만 개의 이니스프리 공병을 분쇄해 만든 마감재와 오브제로 꾸몄다.

특히 내부를 채우고 있는 오브제들은 의미와 가치를 떠나서 미학적으로도 충분히 예쁘고 보기 좋았고, 구매욕이 들 만큼 매력적이다.

인테리어 소품으로 별도로 판매해도 좋을 것 같다는 생각이 들었다. 아티스트 그룹인 패브리커와 협업해 감각적인 디자인을 입혀 공병을 완전히 새로운 작품으로 탄생시킨, 그야말로 업사이클링의 산물 그 자체의 공간인 것이다.

공병의 종류마다 저마다 다른 색깔과 무늬로, 유니크한 디자인으로 재탄생한 타일들이 매장 곳곳을 장식하고 있다.

바닥과 벽부터 진열장 그리고 손잡이까지 모두 이니스프리의 여타 다른 매장과는 다른 분위기를 뿜어낸다. 매장 콘셉트와 한옥이라는 구조를 보여주듯 매장 중앙에 있는 자그마한 정원은 이 공간의 매력을 더한다. 마치 작은 숲 같은, 화단 장식 위로 높게 뚫린 창을 통해 햇살이 내려왔다.

한옥의 중정이 연상되면서 나름의 운치가 있다. 오래된 구옥을 허물지 않고 전통적인 아름다움과 디테일을 살리면서 현대적인 인테리어와의 조화를 이끌어낸 감각이 돋보인다.

공병공간의 메인인 공병 파쇄기는 소비자들이 직접 공병을 파쇄해보는 체험을 하며 자원순환의 가치를 느껴볼 수 있도록 전시되어 있다.

알록달록하면서도 반짝거리는, 멀리서보면 인조잔디처럼 보이는 파쇄된 공병들이 마치 예술 작품처럼 파쇄기 아래에 놓여있다.

2003년부터 시작한 공병 수거 캠페인으로 현재까지 3천만 개가 넘는 공병을 수거해 재활용을 했다고 한다.

매년 2천 그루의 나무를 심는 효과임을 알리며 소비자들이 적극적으로 공병을 모을 수 있도록 했기 때문에 7년 동안 꾸준히 캠페인 유지가 가능했던 것 같다.

지구를 보호하기 위해 가치소비를 원하는 소비자들에게 공병공간은 브랜드가 추구하는 친환경 가치를 잘 구현한 공간이다.

공병공간은 다른 지점과 달리 고객들이 브랜드가 실천하는 친환경 활동을 직접 눈으로 확인하고 또 참여할 수 있는 브랜드 체험관이라는 점에서 의미가 남다르다.

브랜드의 이미지와 신뢰도를 바탕으로 제품을 구매하고 사용하는 소비자들에게 브랜드의 가치관과 그들의 행보를 보여줄 수 있는 공간. 소비자를 그린 컨슈머로 만들어주는 브랜드, 이니스프리가 꾸준히 사랑받고 인기 있는 이유를 공병공간점에서 느낀다.

지금은 삼청동에서만 만날 수 있지만 전국 여기저기로 공병공간점이 많이 확대되기를 바라는 마음을 전해본다. 상생을 위해, 공존을 위해, 지속 가능성을 향해.

이니스프리 공병공간점

서울 종로구 율곡로3길 73
@innisfree_gcs
02-737-0585

4_
이니스프리 공병공간점 공간 데이터

별점평균  (3.1점)

리뷰 수 총합   **102**개

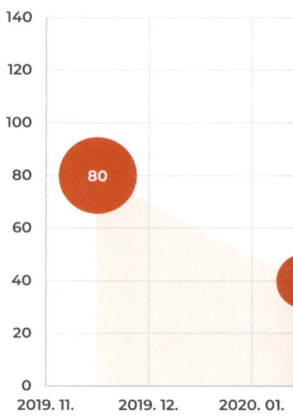

711
삼청동

171
이니스프리

123
공병

- **분석 기간**: 2017.01~2020.11
- **분석 소스**: Blog, Community, SNS

- 공병공간은 2003년부터 진행해온 공병 수거 캠페인에서 모은 이니스프리 공병 23만 개를 분쇄해 만든 마감재로 꾸며졌다. 또한, 한옥을 '업사이클링'한 공간이라는 점에서 의미가 남다르다. 공병공간은 환경적인 브랜드 이미지를 가지고 있는 이니스프리의 콘셉트 매장이기 때문에 환경과 관련된 키워드가 많이 언급되었다.

100
120
70
70
40
2020. 03.
2020. 04.
2020. 05.
2020. 06.
2020. 07.
2020. 08.
2020. 09.
2020. 10.
2020. 11.

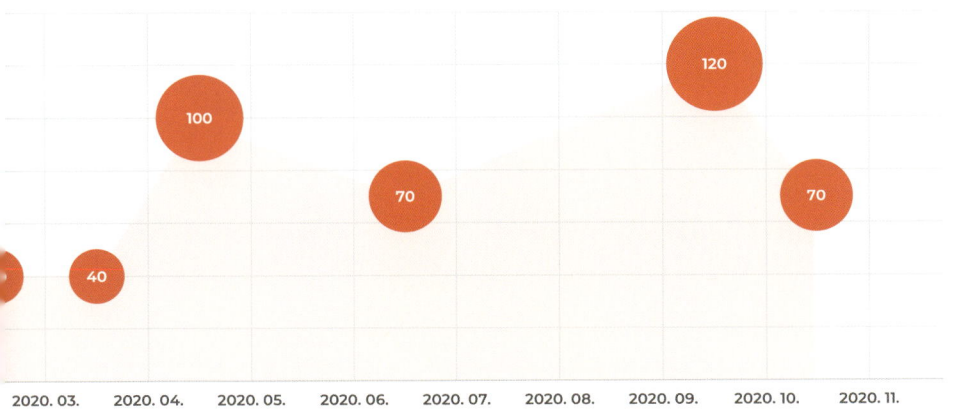

1년간 월별 검색량 그래프 ▲

연관어 트리맵 차트 ▼

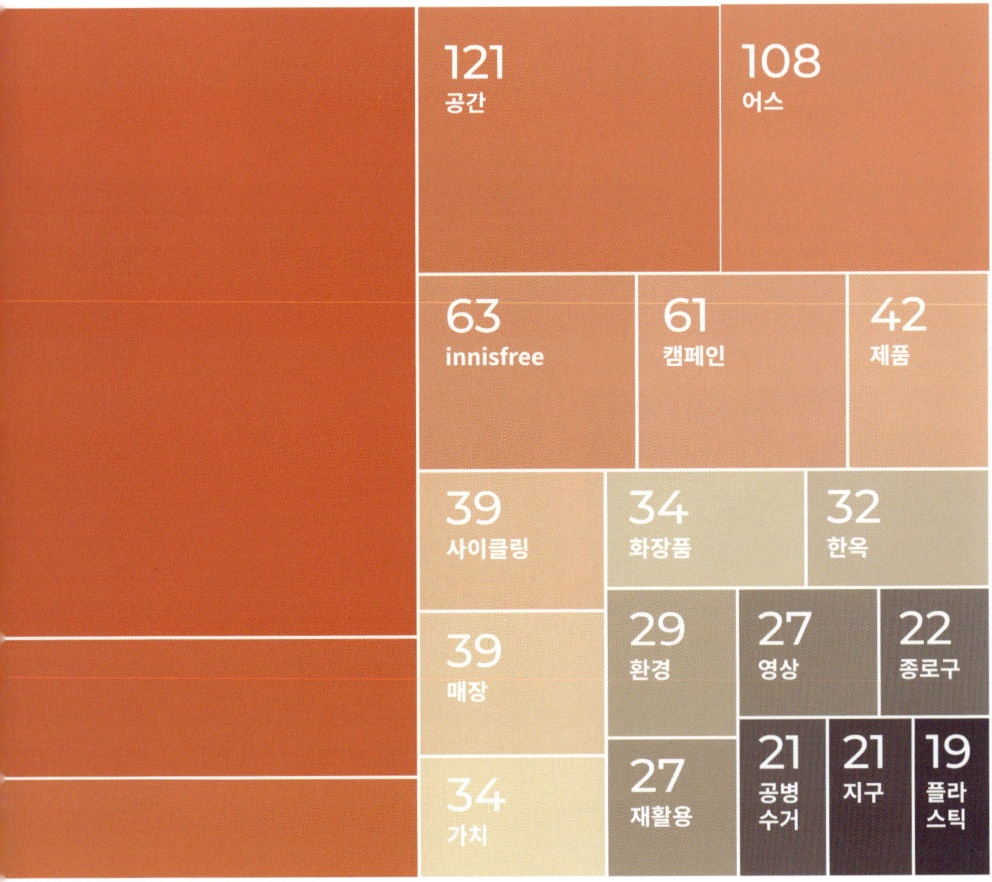

121
공간
108
어스
63
innisfree
61
캠페인
42
제품
39
사이클링
34
화장품
32
한옥
39
매장
29
환경
27
영상
22
종로구
34
가치
27
재활용
21
공병 수거
21
지구
19
플라스틱

5_
팝업스토어

두껍상회 (by 진로)

초통령 뽀로로를 제치고 EBS의 간판스타가 된 펭수부터 오랜 시간 전 국민적인 관심과 사랑을 받고 있는 카카오프렌즈, B급 감성을 자극하는 코믹한 설정들과는 대조적인 고퀄리티 캐릭터로 새로운 에피소드가 공개될 때마다 연일 화제가 되고 있는 '빙그레'의 빙그레우스 왕자까지.

소비자와 친근하게 커뮤니케이션할 수 있는 '소통의 도구'로서 브랜드를 대표하는 캐릭터는 중요한 요소가 된다.

또 브랜드 이미지 개선이나 인지도 상승 외에도 캐릭터를 활용한 MD 상품은 기대 이상의 부가가치를 일으키곤 한다.

일례로 최근 EBS는 '펭수'와 관련된 라이선스 상품 매출로 9개월간 58억의 매출을 올렸다고 밝혀 화제가 됐다.

브랜드를 대표하는 '캐릭터'와 MD 상품은 이제 브랜드 마케팅의 필수 요소로 자리 잡은 듯하다.

코로나로 제법 한산해진 성수동의 어느 골목 사이, 건물 외벽을 집어삼킨 거대한 두꺼비 한 마리가 시선을 잡아 끈다.

작년 연말 리브랜딩을 통해 주류계 지각변동을 일으킨 '하이트진로'의 진로 소주 패키지에서 보이던 바로 그 파란 두꺼비다.

성수이로에 진로의 팝업스토어 두껍상회가 열렸다. '어른이들을 위한 문방구'라는 콘셉트로 진로 소주와 두꺼비를 테마로 한 아기자기한 MD 상품들이 한가득 있었다.

몇 년 전부터 계속 이어져온 뉴트로 열풍에 힘입어 재탄생한 진로 소주는 파란병이라 불리며 큰 사랑을 받았다.

맛집을 소개하는 SNS 콘텐츠 속 테이블 위엔 이 파란병이 빈번하게 함께 따라붙었다. 작년 4월에 출시 이후 7개월 만에 1억 병을 판매했다고 하니 사람들의 취향을 제대로 저격한 것이다.

진로 소주가 이렇게 핫한 반응을 얻게 된 건 마스코트인 두꺼비의 역할이 컸다. 통통한 배와 초롱초롱한 눈을 가진 파란 두꺼비. 기존 패키지에 붙어있던 두꺼비 마크를 현대적으로 재해석해 남녀노소 누구에게나 거부감 없이 친근하게 다가갈 수 있는 귀여운 캐릭터가 됐다.

두꺼비와 리브랜딩 된 진로에 대한 인기를 방증하듯, 두껍상회는 오픈 첫 날부터 인산인해를 이뤘다.

두껍상회는 마트 입점 제품 판촉물로 나왔던 두꺼비 피규어와, 무신사와 협업한 참이슬 백팩이 품절대란을 일으킬 만큼 큰 인기를 얻게 되자 진로가 기획한 이벤트성 마케팅 캠페인이다.

기존 인싸템이라 소문나 있던 '한방울잔'부터 '참이슬 백팩'까지 다양한 굿즈들로 구성되어 있다. 3평 남짓, 한 번에 2~3명만 들어가도 꽉 차는 아담한 공간이지만 방문자들의 니즈를 충족시키기엔 완벽한 곳이다. 곳곳에서 애정을 갈구하듯 레이저를 쏘아 대는 귀여운 두꺼비들의 눈빛은 소주를 좋아하지 않는 사람에게도 구매 충동을 일으킬 만큼 매력적이다.

진로 외에도 테라나 필라이트의 굿즈도 있어서 구경하는 재미가 쏠쏠한 공간이다. 팝업스토어 건물 외부 한편에는 통통한 배를 내밀고 있는 두꺼비와 함께 인증샷을 찍을 수 있는 포토존도 마련되어 있다.

작지만 알찬 구성을 가진 팝업스토어다. 26년 만에 부활한 진로가 나날이 인기를 더해가고 두껍상회도 사람들이 줄지어 방문한다고 하니 진로가 내건 '진로 이즈 백'이라는 당찬 포부를 제대로 실현했다는 생각이 든다. 화려하고 성공적인 재기다.

이곳은 예전에 시몬스 팝업스토어가 열렸던 자리이기도 하다. 과거 꽃집이었다던 이 자리는 이제 브랜드 팝업스토어를 상징하는 공간으로 자리매김한 듯하다.

젊은 세대가 많이 찾는 성수동 메인 거리와 멀지 않고 내부 공간은 다소 협소한 듯하지만 단기간 팝업스토어를 운영하기에는 부족함이 없다. 코로나의 영향으로 한 공간에 많은 사람이 모이는 것을 꺼려하는 요즘인지라 오히려 소규모의 인원만 출입이 가능하다는 점이 방역의 관점에서는 적절하다는 생각이 든다.

건물 외벽 전체를 각 브랜드의 콘셉트에 맞게 꾸밀 수 있다는 점 또한 매력적이다. 민감한 시기에 운영되는 오프라인 매장이다 보니 우려와 걱정이 담긴 시선을 피할 수 없었을 것이다.

그래서 두껍상회는 보다 더 철저히 준비해 잘 대응하고 있었다. 오픈 초부터 인기가 많아서 사람들이 몰릴 것을 대비해 카카오 예약을 통해 대규모 인원의 대기를 최소화하고, 한 번에 최대 3인으로 입장 인원을 제한하고 있다.

체온 확인과 방문기록 작성도 필수이다. 코로나19의 여파로 오프라인 매장 운영이 어려운 시기에 팝업스토어는 고객들에게도 브랜드에게도 가뭄의 단비 같은 존재이자, 새로운 경험과 기회가 아닐까 싶다.

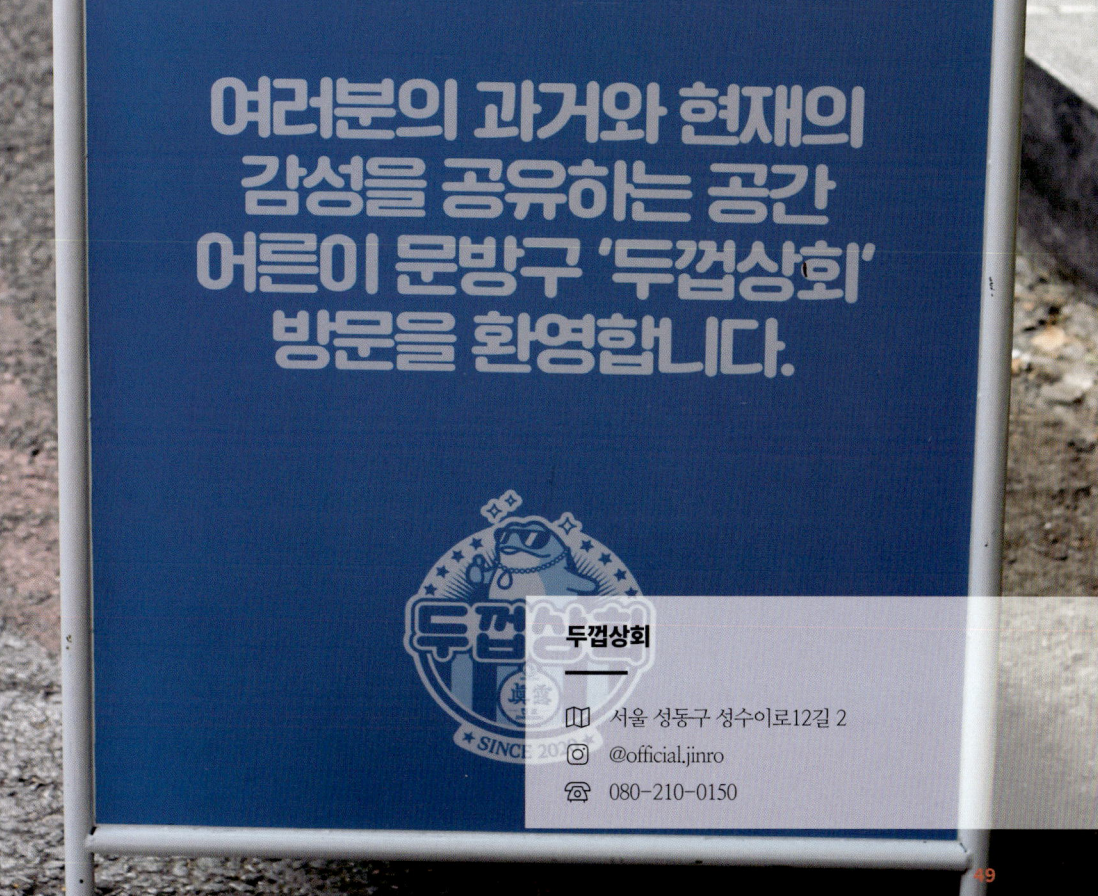

두껍상회

서울 성동구 성수이로12길 2
@official.jinro
080-210-0150

5_
팝업스토어-두껍상회
공간 데이터

별점평균 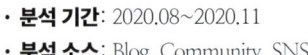 (4.59점)

리뷰 수 총합　　　　**183**개

- **분석 기간**: 2020.08~2020.11
- **분석 소스**: Blog, Community, SNS

- 파란 두꺼비를 마스코트로 내세운 어른이 문방구 두껍상회는 진로에서 판매하는 주류와 마스코트인 두꺼비를 MD상품으로 만들어 인기를 끈 만큼 관련 키워드들이 상단을 차지하고 있다. 또 성수동에 위치한 두껍상회 방문을 인증하는 사진을 SNS에 올리면 두꺼비 부채를 증정하는 SNS 이벤트를 진행한 바 있어 많이 노출되었다. 적극적인 온라인 마케팅 활동 덕분인지 오픈부터 상당한 관심을 받아 월별 조회 수 20,000건을 기록했다.

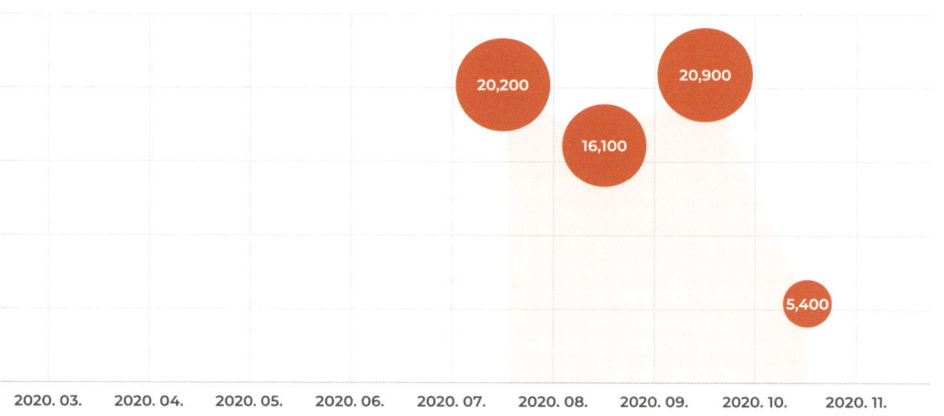

1년간 월별 검색량 그래프 ▲   연관어 트리맵 차트 ▼

391 상회		711 삼청동	
221 팝업스토어	174 하이트진로		111 피규어
	107 참이슬	88 테라	84 주류
188 소주	91 캐릭터	65 인기	56 요청
			55 국내
187 하이트	90 진로이즈백	58 고객	54 브랜드

한 개인이 취향과 취미, 기호를 가지게 되는 데에는 다양한 이야기가 있다. 어떤 사람들은 그 이야기를 공간에 담아낸다. 소비 시장의 세분화, 다양성의 존중 등으로 이러한 공간들이 점차 주목받고 있다.

이야기,
공간이 되다

1_
커먼플랏

어떤 공간이든 그만의 정체성과 특징이 드러나기 마련이다. 카페나 스튜디오에서도 그 공간이 상업 공간인지 작업 공간인지 공간에서 묻어 나오는 분위기로 자연스레 직감할 수 있다. 하지만 커먼플랏은 어떤 공간인지 한마디로 정의하기가 참 쉽지 않다. 다양한 색깔을 담고 있는 곳이어서 그런지 공간의 쓰임에 대한 호기심이 커져갔다.

어딘가 움츠러들게 만드는 고급스러운 갤러리가 아닌, 가벼운 마음으로 그림을 구경하고, 쇼핑하듯 편하게 그림을 살 수 있는 공간. 편안하고 즐거운 시간을 보내다 갈 수 있는 공간. 커먼플랏은 그런 공간을 꿈꾸며 만들어진 공간이다.

이 공간이 나아가고자 하는 방향이 평범하면서도 특별하게 느껴졌다. 우리에게 즐거움을 주는 공간은 많지만 예술과 와인으로 가득 채워진 공간에서 느낄 수 있는 즐거움은 색다르다.

커먼플랏은 처음엔 포토스튜디오로 시작한 공간이다. 이태원 경리단길에서 처음 문을 연 사진작가 부부의 포토스튜디오가 여동생의 아트 스튜디오로, 그리고 내추럴 와인 보틀 숍으로까지 발전되며 여러 겹의 레이어로 다채로운 색깔을 내뿜는 공간이 되었다.

이런 공간들을 발견해서 찾아가고 그곳을 사진에 담아내는 순간은 늘 흥미롭고 새로운 경험이 된다. 누군가의 취미, 혹은 특기, 어쩌면 업, 혹은 그저 좋아하는 어떤 것. 이런 것들이 한데 모여 만들어진 공간들은 저마다 각기 다른 개성이 있다.

개개인의 차이만큼이나 공간의 디테일도 달라진다. 공간에 채워진 물건들마다 가지고 있는 스토리와 메시지가 달라 그것을 알아가는 재미도 있다.

커먼플랏의 공간에서 커다란 비중을 차지하는 것이 바로 그림이다. 미술 작가 양재은 작품의 쇼룸이면서 그의 작업실임과 동시에 그에게 그림을 배우는 사람들의 작업실이기도 하다. 벽면을 가득 채운, 저마다의 사연이 담긴 작품들은 방문객의 시선을 잡아 끌며 무언의 대화를 걸어온다.

공간의 왼쪽은 와인 보틀 숍, 오른쪽은 아트 스튜디오 크게 두 목적으로 자연스럽게 분리되어 있다.

한쪽에선 와인과 맥주를 살 수 있고, 또 다른 한쪽에서는 예술작업이 이뤄지기도 하고, 클래스가 진행되기도 한다. 언뜻 보면 성격이 너무나도 다른 공간이라 조화로울까 싶기도 하지만 비슷한 무드를 풍기고 있다.

공간주의 취향과 경험이 담긴 와인들과 그 와인을 표현해 주는 실크스크린 작품이 곳곳에 배치되어 일정한 톤앤매너를 맞춘다. 심지어 평소에는 별 생각 없이 보고 지나치던 와인 보틀 라벨마저 예술작품으로 느껴지게 만든다.

어디서나 흔하게 살 수 있는 인테리어 소품이 아니라 작가의 감성과 개성이 잘 드러난 아름다운 작품들로 연출한 공간이어서 매력이 배가 됐다.

와인 한 병, 실크스크린 작품 한 점에도 작가의 영감과 이야기가 담겨 있다. 맛있는 와인과 눈이 즐거운 예술작품이 있는 곳, 사람들은 그것을 즐기기 위해 커먼플랏에 찾아오는 게 아닌가 라는 생각이 든다.

최첨단 기기와 하이테크가 만연해 있는 시대이기 때문에 우리는 개인의 취향과 감성에 더 탐닉하고 매료된다. 타인의 라이프스타일을, 취향을 향유하기 위해 곳곳을 누빈다. 삭막함과 거리감 대신 인간의 감성과 경험을 좇는다고 표현하는 게 알맞겠다.

그렇기에 커먼플랏에서 보내는 시간과 즐길 수 있는 콘텐츠들이 또 하나의 색다른 경험으로 다가온다. 숨가쁘게 흘러가는 당신의 날들 속 하루 정도는 이곳에서 특별하게 빛내 보길 바란다.

커먼플랏

🗺 서울 용산구 회나무로13가길 3-8 1층
📷 @common.flat
☎ 0507-1315-9978

1_
커먼플랏
공간 데이터

| 별점평균 |  (5.0점) |
| 리뷰 수 총합 | 51개 |

13 이태원

8 원데이클래스

7 경리단

6 원데이

- **분석 기간**: 2019.01~2020.11
- **분석 소스**: Blog, Community, SNS

- 커먼플랏 아트스튜디오는 이태원 경리단 길에서 원데이클레스를 진행하며 관심도가 올라가기 시작했다. 아크릴화 드로잉 수업이 주로 이루어졌기 때문인지 관련 키워드가 주로 언급되었다. '선물'에 대한 키워드가 언급되었는데 아트스튜디오 작가님께서 작업하신 작품도 판매하고 있어서 작품을 구매하거나 선물하기 위해 커먼플랏을 찾는 것으로 나타났다.

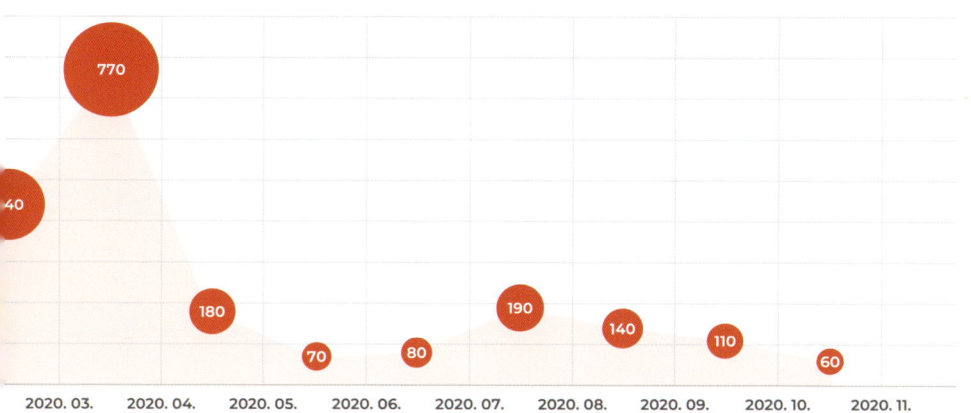

1년간 월별 검색량 그래프 ▲   연관어 트리맵 차트 ▼

5 럭키	5 스튜디오	5 아트센터	4 취미
5 럭키박스	4 경리단길	4 엽서	4 달력
5 선물	4 포스터	4 드로잉	3 남산
5 일상	4 쇼룸	3 온라인	3 크리스마스

2_
동백문구점

9만 명의 구독자를 보유한 손글씨 유튜버인 펜크래프트(instagram.com/@pencraft_)는 올해 9월 문구점 아저씨가 되었다. 손글씨 콘텐츠로 많은 인기를 얻고 있던 펜크래프트는 노트를 제작한다는 소식과 함께 동백문구점의 오픈을 알렸다.

그는 처음 만년필을 썼을 때의 필기감에 반해 만년필에 빠지게 되고 손글씨에 빠지게 되었다. 글씨를 쓰는 것을 좋아하다 보니 더 좋은 노트와 펜을 찾아다니며 수많은 문구들을 접했다고 한다.

나중에는 시중에 판매되는 노트의 디자인, 종이 질, 제본 방식이 마음에 들지 않아 직접 노트를 만들게 되면서 동백문구점을 시작했다. 아무리 찾아도 마음에 쏙 드는 제품이 없어 직접 제작한 '레토리카 노트'와 사용해본 문구들 중에서 좋았던 것만 엄선한 것들을 동백문구점에 모아 두었다.

망원동 한 초등학교 앞에 있는 동백문구점은 옛날 문방구처럼 등하굣길에 들러 놀다 가는 곳일 것 같지만 이곳은 한 사람의 취향과 안목이 가득 담긴 공간이다.

밖에서 볼 때는 자주색 빛 커튼으로 가려져 신비한 분위기를 풍기고 있지만, 그 안에는 정 많고 친근한 주인장의 취향이 잔뜩 묻어난 멋진 공간이 있다. 자줏빛 커튼 너머에 있는 비밀스러운 공간이 어떻게 꾸며져 있을지 머릿속으로 수많은 상상을 해보았지만 빨간 동백 한 송이가 로고로 그려진 문구점은 어떤 모습일지 잘 그려지지 않았다.

그렇게 기대를 안고 둘러본 동백문구점 안은 멋스러운 원목 장과 샹들리에 그리고 금테로 둘러진 거울이 공간의 분위기를 주도하고 있었다. 진열장에 놓인 노트와 만년필이 고풍스러운 느낌을 더해주었다.

머릿속에서 상상하던 문구점의 이미지는 이미 잊어버린 지 오래다. 예상과는 달리 동백꽃의 우아함을 잘 살린 공간이었다.

선인장, 만년필과 잉크 그리고 엽서와 노트. 이곳에 놓여있는 어느 것 하나 허투루 놓인 것이 없다.

주인장이 아끼고 좋아하는 것들이 한데 모여 공간이 되었다. 그래서인지 모든 물건들은 각각의 이야기를 가지고 있었다. 사진을 찍다 보니 만들게 된 엽서, 필사를 하다 만나게 된 좋은 만년필… 그렇기에 하나하나 찬찬히 들여다보는 재미가 있다.

개인의 취향과 경험으로 꾸며진 공간이 얼마나 무궁무진하고, 매력적인 것인지 다시금 느낄 수 있었다.

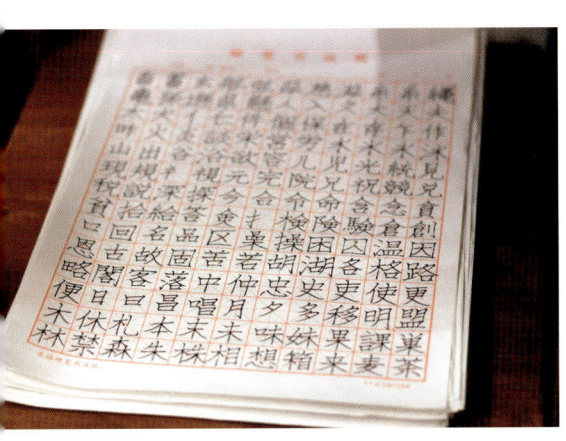

창가에 놓인 책상에는 책과 노트와 필기구가 마련되어 있다. 이곳도 하나의 진열장인 줄만 알고 지나치려 했을 때 앉아서 필사 한번 해보시라는 말에 홀린 듯이 앉아 만년필로 글을 적어보았다.

사각사각한 종이에 매끄럽게 글씨를 쓰다 보니 다른 사람의 취미를 잠깐 경험해보고 있는 것 같다는 생각이 들었다. 동시에 손글씨의 매력이 무엇인지 알 것 같았다. 그래서 직접 해보지 않고 서는 모른다는 말이 있나 보다. 온라인과 오프라인에서 느끼는 감정과 경험은 천지 차이였다.

그저 이미지만 보고 지나치는 것과 만져보고 사용해보는 것은 분명 다름이 있다. 그리고 그 공간에서만 할 수 있는 것들이 있다. 그래서 사람들은 공간을 만들고 그 공간에 찾아오는 것이다.

오프라인 시장이 힘을 잃고 주춤한 상태이긴 하지만 여전히 그들만의 특색 있는 공간을 유지하는 사람도 있다. 이런 공간들이 많이 알려져서 더 많은 사람이 새로운 경험을 할 수 있게 되기를 기대한다.

동백문구점

🗺 서울 마포구 월드컵로25길 85 1층
📷 @camellia_stationery_shop
☎ 010-4005-4870

2_
동백문구점
공간 데이터

별점평균  (4.8점)
리뷰 수 총합   **16개**

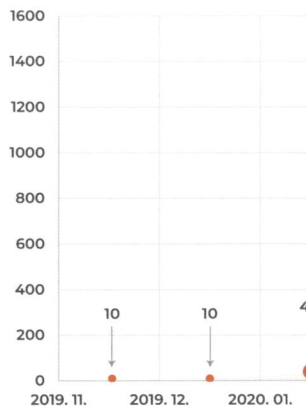

126
문구점

67
문구

- **분석 기간**: 2020.06~2020.11
- **분석 소스**: Blog, Community, SNS

- 문구점 하면 다양한 필기도구가 생각나기 마련이다. 망원동에서 이제 막 문을 연 동백문구점의 연관어를 살펴보면 만년필과 '레토리카' 노트가 눈에 띈다. 직접 사용해보고 좋은 제품만 들여온다는 점과 직접 제작한 노트들 덕분에 손글씨 마니아들 사이에서 많은 관심을 받은 것으로 보인다. 또한 문구점 주인아저씨의 노력 덕분인지 문구점의 관심도는 상향곡선을 그리고 있다.

2020.03.	2020.04.	2020.05.	2020.06.	2020.07.	2020.08.	2020.09.	2020.10.	2020.11.
0	30	90	270	230	430	1,200	1,030	1,300

1년간 월별 검색량 그래프 ▲　　**연관어 트리맵 차트 ▼**

63 망원동		56 노트		
52 망원	14 펜	13 연필	13 망리단길	
	10 문방구	8 레토리카	8 온라인	
19 동백	8 만년필	6 펜크래프트	6 간판	6 잉크
17 다이어리	8 책	6 마음	6 글씨	

3_
꽃술

마치 어린 시절 가지고 놀던 셀로판지를 붙여 둔 것 같은 화려하고 묘한 색상의, 그것도 양 쪽의 색상이 다른 두 개의 큼지막한 창문이 나 있는 공간 사진을 보았다.

네온사인을 내부 인테리어에 활용하는 것이 유행이기는 하지만, 글자 몇 자가 아니라 거의 벽면을 꽉 채우고 있는 창문 전체가 형광색 불빛을 뿜어내는 광경은 여전히 보기 드물다. 눈에 띄지 않기가 쉽지 않을 것 같고, 뇌리에서 잊히지 않을 것 같은 강렬하고 독특한 분위기다.

디자인 매거진 SNS 계정에 소개된 이 공간의 사진을 보자 마자, 이 공간은 꼭 한 번 직접 가서 경험해보고 싶다고 생각했다.

패션 매거진 출신의 에디터가 만들어낸 공간이라 했다. 한국의 신진 창작자들을 위한 하나의 둥지이자, 창작의 산물을 누구나 가장 가까이에서 경험할 수 있는 공간을 만들고자 기획한 공간이다. 이름하여 디자인 바(Design Bar). 카페도, 음식점도, 술집도, 갤러리도, 심지어는 가구 전시 판매장도 될 수 있는 이 오묘한 공간을 구분 지을 마땅한 카테고리를 찾지 못한 그녀가 직접 만들어낸 단어다.

자신의 머릿속에 존재하던 상상의 공간을 땅을 파내고, 기둥을 세우고, 계단을 얹고, 가구를 들여 실재하는 공간으로 만들어냈다.

아름다운 가구와 소품들 외에도 어렵게 공수한 퀄리티 높은 전통주들, 오미자차와 수정과 같은 전통 음료들을 함께 즐길 수 있다.

꽃술의 공간 안에 있는 모든 것은 판매가 가능한 것이라 한다. 어쩐지 남다르고 예술적이게 느껴지던 문고리와 하나하나 개성 넘치고 자기 주장이 강한 의자들, 시선을 잡아 끌고 셔터를 누르게 만드는 조명들. 가구 뿐만 아니라 나무와 꽃, 음료, 그리고 누군가의 머릿속에서 나왔을 아이디어까지 모든 것을 판매한다고 한다. "결국 꽃술이 파는 건 이 도시와 디자인에 관한 이야기이다."라는 공간주가 쓴 글의 어느 구절이 참 인상 깊었다.

그 공간 안에 있는 디자인 작품들 모두 그녀의 개인 소장품이라고 한다. 확고한 신념과 철학이 없다면 불가능했을 일이다.

그저 멀리서 바라만 보는 것과 직접 만지고 경험하고, 느끼는 것은 다르다. 국공립 미술관, 국내외 유명 갤러리에 전시되었던 디자인 작품들을 직접 만져보고 사용해 볼 수 있는 기회는 흔치 않다. 꽃술이 그 어려운 것을 해냈다.

처음 공간 안에 들어섰을 때부터 마음에 쏙 들어 자꾸만 눈이 가던 스툴(서정화 작가의 Material container stool)이 있었다. 메탈 보디 위에 색색깔의 아크릴이 얹어진 형태였는데, 옆 벽면의 네온 빛깔과 천정의 조명이 비치면서 다채로운 매력을 뿜어냈다.

그저 여느 가구 전시장의 가구처럼 전시 되어있었다면 금세 흥미를 잃었겠지만, 꽃술에선 이 스툴에 앉아 차를 마실 수 있다.

앉아만 보는 것이 아니라 쓰다듬어도 보고, 들어서 옮겨볼 수도 있다. 이 마음에 쏙 드는 스툴 때문에 디자이너를 검색해보고, 그 디자이너의 다른 작품도 둘러보았다.

아마 내가 이 스툴이 꽃술만큼이나 잘 어울릴 공간을 가지고 있었다면 구매를 문의했을지도 모른다. 꽃술이 지향하고자 하는 바를 분명하게 느낄 수 있었다. 디자인에 문외한인 사람도 어렵지 않게, 가볍고 부담 없이 '디자인 작품'에 가까이 다가갈 수 있다.

1~2층과 3층 루프탑까지 유니크하고 아름다운 작품들이 가득하다. 어떤 작가가 어떤 의도로 만든 작품인지, 전혀 배경지식도 전문성도 없는 나에게도 지루하지 않고 끊임없이 시선과 흥미를 끌어당기는 공간이다. 음료와 함께 서빙된 코스터를 코스터 랙에서 빼내 바꿔 써 보기도 하고(원플러쓰 스튜디오의 디스크 코스터&랙 세트), 첫 눈에 보아도 설치미술 작품 같아 보이는, 의자인지 아닌지조차 의심하게 만드는 특이한 형태(검색해보니 곽철안 디자이너의 작품이었다.)의 '의자인 듯한' 것에 엉덩이를 조심스럽게 얹어 보기도 한다.

빨간 벽돌로 이루어진 벽면에 난 커다랗고 형형 색색의 유리창보다도 더 묘한 매력을 가득 품고 있는 공간이다. 미술이나 디자인, 예술작품에 대해 마음 속 장벽이나 어려움을 가지고 있다면 꼭 한 번 이 곳을 방문해보기를 권하고 싶다.

사실은 그다지 높지 않았던 문턱이 생각보다도 더 낮아지고, 그 문턱을 넘고 나면 알고 보니 재미있고 자꾸만 더 알고 싶고, 알아가다 보니 재미있는 새로운 세계를 마주할 수 있을 것이다.

꽃술

- 서울 용산구 원효로77길 33
- @kkotssul
- 02-719-7703

3_
꽃술
공간 데이터

별점평균 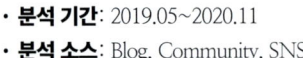 (5.0점)
리뷰 수 총합   16개

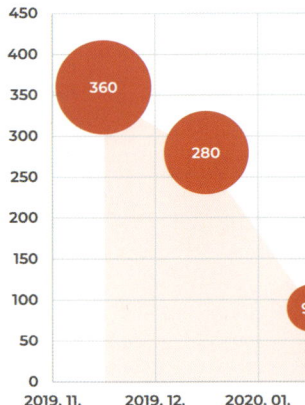

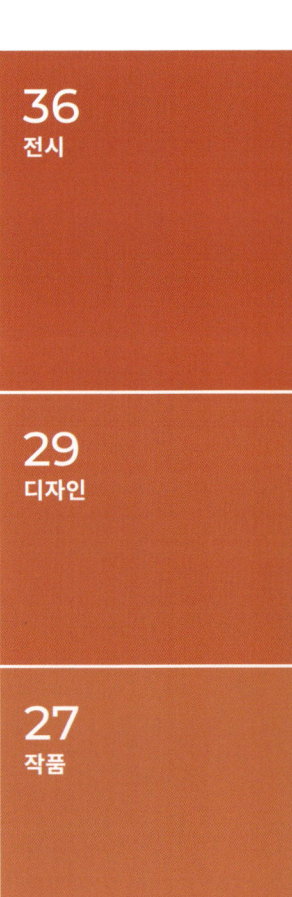

- **분석 기간**: 2019.05~2020.11
- **분석 소스**: Blog, Community, SNS

- 디자인바(design bar) 꽃술은 디자이너들의 가구와 소품들을 함께 전시하는 공간이다. 새로운 형식의 공간이기 때문인지 '디자인'과 '작품' 뿐만 아니라 '칵테일' 주류에 대한 키워드로 사람들의 궁금증이 드러난다. 실험적인 공간이라는 점과 여러 용도의 공간으로 변신할 수 있다는 점이 매력적으로 다가온다.

200	190							
		140						
			90			80	80	
				50				
2020. 03.	2020. 04.	2020. 05.	2020. 06.	2020. 07.	2020. 08.	2020. 09.	2020. 10.	2020. 11.

1년간 월별 검색량 그래프 ▲   연관어 트리맵 차트 ▼

7 구	20 용산구	20 워크숍	20 공간
4 테일	19 용산	126 기획	126 평일
3 원	16 선반	15 조명	15 관람 / 15 식물
2 입	16 의자	15 입장	15 생태계

4_
아뻬 서울&잇츠허니

꿀잠, 꿀잼, 꿀맛, 꿀성대, 꿀알바… 달콤한 긍정을 품은, '꿀'이라는 접두사가 붙은 표현들은 이제 우리의 언어생활에 익숙하게 자리 잡았다. 우리의 식문화에서 없어서는 안 될 식재료이면서, 천연 약재로도 쓰이는 꿀. 호주와 뉴질랜드에서 생산된다는 프리미엄 꿀 '마누카 꿀'이 최근 열풍을 일으키면서 꿀에 대한 호기심이 생겼고, 아뻬 서울과 잇츠허니를 알게 되었다.

도심에서 만날 수 있는 양봉 이야기, 그리고 한국 최초의 '허니 소믈리에'라는 두 가지 타이틀만으로도 충분히 새롭고 흥미로웠다. 양봉은 산 좋고 물 좋은, 꽃과 나무가 많은 곳에서 해야 한다는 흔한 고정관념이 깨졌다. 소믈리에라는 개념이 꿀과도 연결될 수 있다는 것이 생소했다.

차갑고 삭막한 빌딩숲이 즐비한 도심 속에서 만들어지는 꿀이라니, 도무지 상상하기 어려워 도시양봉이 더 특별하게 느껴지고 아빼 서울의 이야기가 궁금하다. 어떤 콘셉트를 가진 공간일지 기대를 가지고 혜화로 발걸음을 옮긴다.

아빼 서울의 첫인상은 카페 보다는 양봉가의 작업실 같은 느낌을 준다. 주인의 취향과 라이프스타일에 따라 채워지고 꾸며진 공간이 참 매력적이다. 구석구석 벽과 바닥을 차지하고 있는 양봉과 관련된 집기들이 이곳이 진짜 꿀을 만들어 내는 곳이라는 것을 알려준다.

공간에 있는 모든 것들을 하나하나 살펴보며 구경하는 재미에 눈이 쉴 틈이 없다. 꿀을 다 채취하고 남은 빈 벌집이 곳곳에 인테리어 소품처럼 놓여있는데, 그 구조와 모양이 찬찬히 들여다볼수록 정교하고 멋있다.

도시 양봉가이자 바리스타 그리고 허니 소믈리에인 이 공간의 주인은 이 공간을 방문하는 한사람 한사람에게 꿀과 벌에 대한 이야기를 전한다.

한쪽 벽면, 음료와 먹거리를 주문하는 데스크에 내걸린 '허니 플레이버 휠(Honey Flavor Wheel)'을 보고 입이 떡 벌어졌다. 꿀에서 이렇게나 다양한 향이 난다고? 꿀은 그저 다 똑같은 꿀이라고 생각했던 지난날의 무지가 부끄러워진다.

꿀은 꿀벌이 어떤 꽃과 어떤 환경에서 무엇을 먹었는지에 따라 맛과 향이 달라진다고 한다. 그 이유로 아뻬 서울은 꿀을 대지의 자화상이라 부른다. 미처 알지 못했던 넓고도 깊은 꿀의 세계에 어떤 존엄성마저 느껴진다.

저마다 다른 빛깔의 꿀들이 한쪽 벽면을 가득 채우고 있다. 저 조그마한 병에 담긴 꿀에 15일이 넘는 시간 동안의 벌의 이야기가 담겨 있다고 생각하니 신기하다.

허니 테이스팅 클래스를 통해서 세계 각지의 꿀을 소개하기도 하지만, 직접 꿀을 만들기도 한다. 섬진강이 내려다보이는 지리산 자락의 야생화를 담아낸 꿀(Specialty Honey Edition #1 Seomjin River), 비무장지대의 야생과 남북의 대지 내음을 하나로 담아낸 꿀(Specialty Honey Edition #2 DMZ) 등 스페셜티 허니로 소개한 꿀들을 출시해 사랑받고 있다. 우리에게 익숙한, 상대적으로 저렴한 가격에 판매되는 '설탕을 먹인 벌'의 산물인 사양 벌꿀과는 확연히 다른, 진하고 풍부한 향을 가진 꿀이다.

가끔은 이곳의 꿀을 사서 맛보고 싶어졌다. 그 꿀의 맛과 향을 통해서 꿀벌들이 오갔던 자연과 그 공간이 느껴지는 것 같다. 눈을 감고 입 속 가득, 코끝까지 퍼지는 향긋함 속에 라즈베리, 오렌지, 대추와 밤같이 맛있는 것들을 먹느라 바쁘게 날갯짓을 했을 한 마리의 벌꿀이 되어.

꿀벌이 공중에 머물기 위해서는 1초에 230번 이상 날갯짓을 해야 한다고 한다. 심지어 꽃가루나 꿀을 나를 때에는 그 무게 때문에 날갯짓의 강도가 높아진다고. 하루 종일 열심히 날아다니며 꽃과 열매를 찾아다니고, 꽃가루와 꿀을 나르다가 밤이 되면 일을 마치고 집으로 돌아오는 꿀벌들. 사람사는 모습과 많이 닮아 있는 꿀벌의 이야기를 들으며 무서웠던 벌이 조금은 귀엽기도 하고 친근하게 느껴진다.

손톱보다 작은 날개에 짊어진 피로 덕에 이렇게 향긋하고 달콤한 꿀을 맛볼 수 있다는 것이 고맙기도 하고 어딘가 짠하기도 하다.

아뻬 서울의 거의 모든 것을 다 둘러보았을 때쯤 이 공간은 꿀과 꿀벌에 대해 진심이라는 것이 느껴졌다. 그저 인테리어를 위한 것이 아니라 양봉가로 살아오면서 만났던 것들, 만들었던 것들로 직접 채웠다는 생각이 든다. 스페셜티 꿀을 알리기 위해 테이스팅 클래스를 진행하고, 사람들이 꿀과 더 가까워질 수 있도록 다양한 콘텐츠도 제작한다.

그들의 꿀에 대한 애정과 관심, 사랑이 공간 가득 기록되어 있다. 공간에서 꿀이 뚝뚝 떨어졌다. '꿀벌과 인간의 공존' 아뻬 서울이 지향하는 가치와 철학이 농밀하게 응축된, 달콤한 공간이다.

아뻬서울

서울 종로구 창경궁로35나길 1
@ape_seoul
010-7390-8742

4_
아뻬 서울
공간 데이터

별점평균  (4.5점)

리뷰 수 총합   **217**개

4,354
서울

2,868
벌꿀

2,330
꿀

- **분석 기간**: 2018.03~2020.11
- **분석 소스**: Blog, Community, SNS

- 아뻬 서울은 도시에서 직접 양봉한 꿀로 음료와 디저트를 만들어 판매하고 있어 꿀과 디저트에 연관된 단어들이 상위 키워드로 자리 잡았다. 또한 카페가 사람들이 자주 찾는 '혜화역' 근처에 있어 위치와 관련된 키워드가 많이 언급된 것으로 보인다.

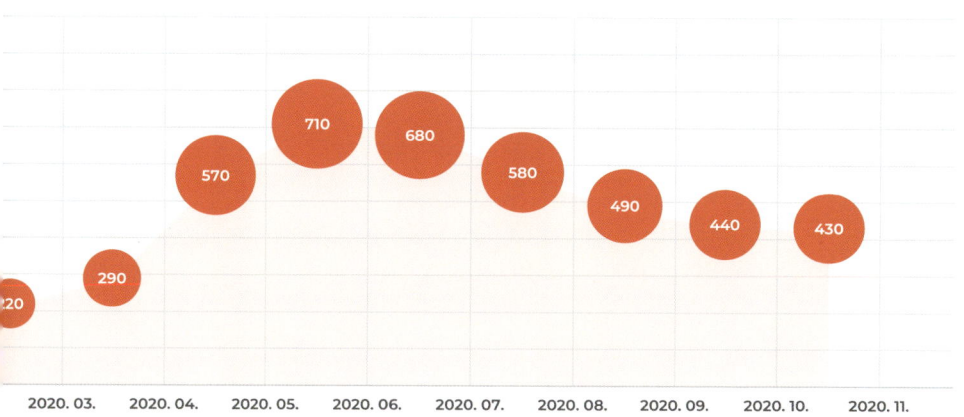

1년간 월별 검색량 그래프 ▲   연관어 트리맵 차트 ▼

2,251 아이스크림	1,652 혜화역	1,643 아몬드
1,867 디저트	1,574 카페	1,238 밀랍
1,686 케이크	1,204 케익	610 까눌레 / 606 전시
1,654 천연	1,198 추천	596 가게 / 593 돈 / 202 도시 / 131 커피 / 45 대학로

5_
우들랏

점심 식사 후 산책길에 발길 닿는 대로 걷다 들른 카페, 천장에서 내려온 모빌이 창 밖에서 불어오는 바람을 타고 흔들흔들 벽면 한쪽에 여유로운 그림을 그린다. 모르고 봤다면 그저 모빌이구나, 대수롭지 않게 넘겼을 텐데 디자인이 며칠 전 방문했던 우들랏의 제품인 듯해 반가운 마음이 반짝 떠오른다. 모빌이라면 그저 갓난아기 머리맡에 달아 두는 것이라고만 생각했는데, 알고 나면 더 많은 것들이 보인다던 말처럼 사실 그동안 인지하지 못했을 뿐, 모빌은 인테리어에 있어 중요한 오브제였다.

우들랏 김승현 대표의 매거진 인터뷰 내용에 따르면, 우들랏이라는 단어는 북미에서 임산물 생산이나 심신 회복을 위해 쓰이는 숲 공간을 뜻한다고 한다. 그 브랜드 네임처럼 우들랏은 모빌을 메인으로, 그 외에 다양한 생활 소품을 목재로 제작하는 목소품 브랜드다. 우들랏의 인스타그램 계정엔 '마음을 위로하는 목소품'이라 적혀있다.

마음의 위로가 필요할 때, 휴식이 필요할 때 우리의 몸과 머리는 멈추기를 원한다. 움직임을 멈추고 생각을 멈추면 비로소 그 때 휴식이 시작된다.

그런데 아이러니하게도 생각이란 것은 꽤나 집요해서, 뭔가 집중할 만한 것이 없으면 그 찰나의 빈틈을 파고든다. 잡념을 완벽하게 사라지게 하기 위해서 우리는 무엇인가에 집중해야만 한다. 모빌은 의미 없이 일정하게 혹은 완전히 랜덤하게 움직임을 반복한다.

그 모습을 바라보고 있자면 어느새 나도 모르게 무념무상의 상태에 접어든다. 그렇게 모빌은 완벽한 휴식과 온전한 위로를 위한 오브제가 된다. 언뜻 불규칙해보이지만 그 속에 아름다운 조화와 균형이 있다. 그리고 그것이 심리적인 안정을 가져다 준다.

연희동에 위치한 쇼룸엔 우들랏만의 매력이 넘치는 모빌이 가득하다. 알록달록 다채로운 색을 입힌 크고 작은 구가 천천히 흔들리며 고요한 움직임을 만들어낸다.

시멘트의 질감과 칠이 살아있는 거친 느낌의 벽에 햇볕이 내리 쬔다. 채광이 좋아 밝고 산뜻한 느낌의 내부와 따뜻하고 정갈한 느낌을 주는 목재 모빌의 합이 참 조화롭다. 쇼룸의 구석구석 작은 갤러리처럼 다양한 크기와 모양, 색상의 모빌들과 각종 목소품이 전시되어 있다. 거기에 근사한 액자들과 커다랗고 중후한 소리를 뿜어낼 것 같은 스피커가 분위기를 더한다.

한편에는 작업대가 마련되어 있다. 기술자의 작업실 같기도, 장인의 공방 같기도 한 그 공간은 보여지는 것이 목적이 아닐 것임에도 시선을 끌어당기고 호기심을 자극한다.

수많은 아름다운 오브제를 탄생시켰을 각종 목재와 공구들이 벽면에 한가득이다. 내가 그저 길을 지나는 행인이고, 유리창 너머로 이런 근사한 공간에서 작업하는 모습이 보인다면 홀린 듯 가게 문을 열고 들어올 것만 같았다.

오래된 주택을 개조해 사용하고 있다는 쇼룸의 내부 공간 곳곳에서 김승현 대표의 애정이 묻어난다. 아주 넓지 않은 공간임에도 자세히 오래 들여다보는 재미가 있어 둘러보고 사진에 담아내는데 생각보다 오랜 시간이 걸린다.

마음이 복잡하고 심란할 때, 안정이 필요할 때 한 번 들러 '반려 모빌' 하나 들이는 건 어떨까. 우들랏의 모빌이라면 오래도록 질리지 않고 머무는 공간을 채워줄 수 있을 것이다.

우들랏

- 서울 서대문구 증가로 31
- @_woodlot_
- 010-6682-0264

5_
우들랏
공간 데이터

별점평균 ★★★☆☆ (3.3점)
리뷰 수 총합 **10**개

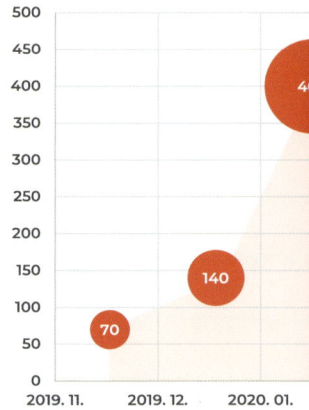

- **분석 기간**: 2019.05~2020.11
- **분석 소스**: Blog, Community, SNS

- 연희동 한적한 골목길에 위치한 우들랏은 김승현 대표가 운영하는 '모빌' 가게이다. 우들랏에서 판매되고 있는 모빌은 모두 직접 제작한 목조 모빌이다. 인테리어, 소품과 관련된 키워드들이 비중이 높게 나타났는데 이는 우들랏의 다양한 목소품들이 인테리어 장식을 위해서 사용된다는 것을 알 수 있다.

101
연희동

92
mobile

350
230
350
240
160
130
350
200
270
2020. 03.
2020. 04.
2020. 05.
2020. 06.
2020. 07.
2020. 08.
2020. 09.
2020. 10.
2020. 11.

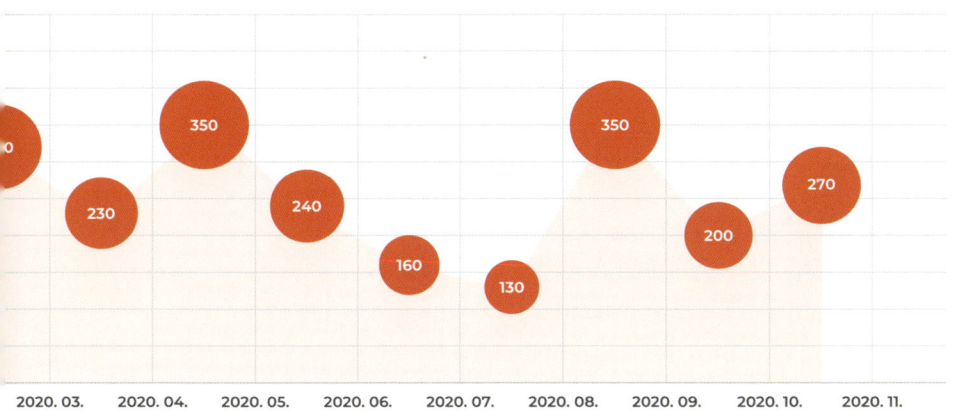

1년간 월별 검색량 그래프 ▲ 연관어 트리맵 차트 ▼

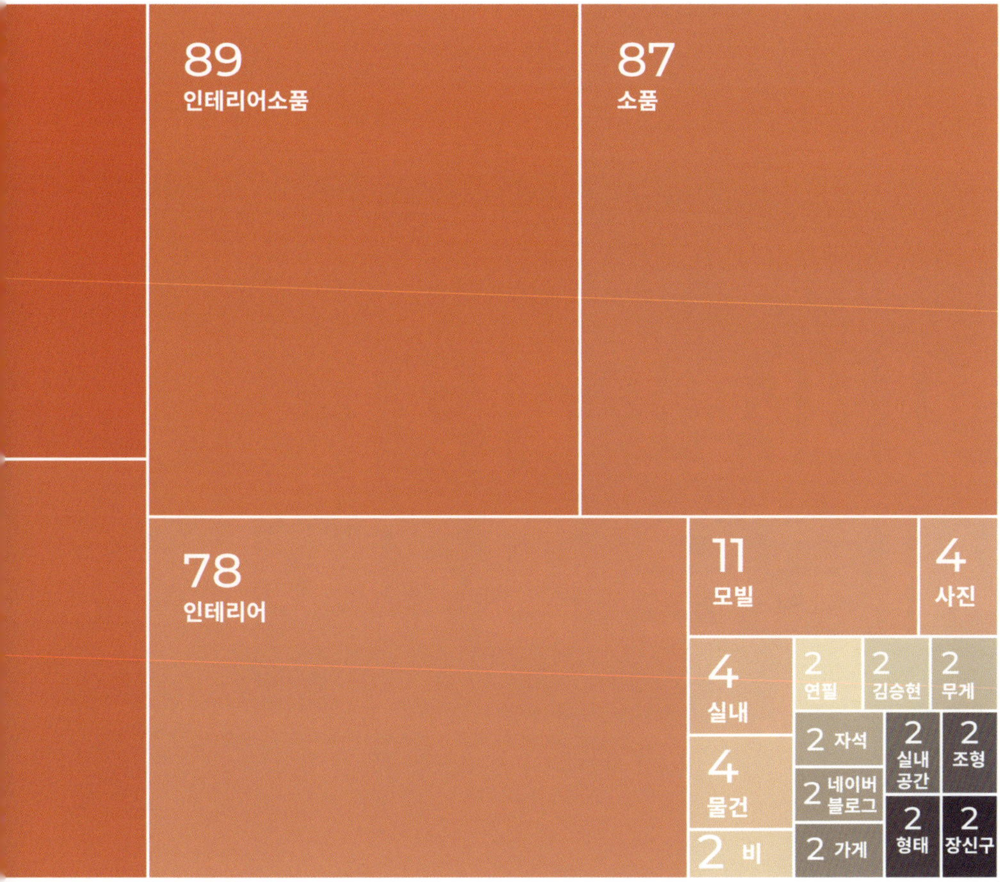

89
인테리어소품
87
소품
78
인테리어
11
모빌
4
사진
4
실내
2
연필
2
김승현
2
무게
2 자석
2
실내
공간
2
조형
4
물건
2 네이버
블로그
2 비
2 가게
2
형태
2
장신구

건축의 리사이클링, 노후화된 건물의 디자인 요소를 살려 새로운 공간으로 재탄생시킨 재생 건축물과 그 공간들을 살펴본다.

빛바랜 과거, 새로운 공간이 되다

1_
연남방앗간

어릴 적 엄마 손을 꼭 잡고 누비던 시장 골목, 마치 참새처럼 갓 짜낸 참기름 냄새가 흘러나오는 방앗간 앞을 지날 때면 그 고소함에 홀린 듯, 한 번씩 뒤를 돌아보곤 했던 기억이 난다. 윤기가 반질반질한, 쫄깃한 떡 속에 든 꿀이 달콤하기 그지없는 송편을 베어 물때의 고소함이 생각나기도 했다. 실컷 먹고 남은, 물릴 대로 물린 잡채를 잔뜩 넣고 고추장 한 숟가락에 계란 프라이를 얹은 위에 두른 참기름의 고소함이 생각나기도 했다.

우리가 익히 아는 참기름의 그 고소함은 생각만 해도 입맛을 다시게 만들고, 군침이 돌게 하는 그런 본능을 깨우는 향이다.

젊은이들의 핫 플레이스, 연남동에 '참기름을 파는 카페'가 있다고 들었다. 이름하여 연남 방앗간. 참기름과 카페가 어떻게 한 공간에 묶이게 된 건지 궁금했다.

참기름과 커피의 조합은 어딘가 어색하고 부자연스러웠다. 어우러지지 못하고 커피 위에 둥둥 떠 있을 노르스름한 기름이 눈 앞에 보이는 것 같았다. 게다가 가게 소개에는 '창작자를 위한 동네 편집상점'이라는 문구가 적혀있었다. '식음료 기반의 동네 경험 공간으로 재해석한 방앗간에서 지역 장인, 소상공인, 창작자의 콘텐츠를 중심으로 동네를 기록하며 지역과 소통한다'는 내용을 읽고 나니 어떤 무드의 공간일지 호기심이 일었다.

작고 귀여운 참새 한 마리가 그려진 앙증맞은 간판에 '연남방앗간'이라 적혀 있다. 2층 주택을 개조해 만든 이 공간의 내부는 완벽하고 환상적이게 고풍스럽다. 1980~90년대의 양옥을 그대로 재현해 마치 시간 이동이라도 한 것 같은 착각마저 불러일으키는. 생활의 흔적이 고스란히 묻어나는, 군데군데 생채기가 나고 갈라져 걸으면 삐거덕 소리가 날 것 같은 나무 마룻바닥과 문지방 같은 것들이 꼭 어려서 살던 우리 집과 똑 닮아 신기하기도 하다.

벽에 걸린 솔방울이 달린 뻐꾸기 시계는 금방이라도 뻐꾸기가 튀어나와 울어 댈 것만 같다.

처음 입구에 들어서면 '참기름의 역사'를 담고 있는 것처럼 머리 꼭대기에서 발 끝까지 다양한 종류의 참기름이 가득 찬 장식장이 눈에 들어온다. 음료 등을 주문할 수 있는 데스크를 지나면 본격적으로 내부 공간이 펼쳐지는데, 2층까지 닿아 있는 층고가 높은 천장과 그 아래로 떨어지는 샹들리에가 분위기를 압도한다.

커다란 통유리창으로 들어오는 햇살과 샹들리에 빛의 조화가 아름다워 자꾸만 시선을 빼앗는다. 1층엔 판매중인 참기름과 참기름을 제조할 때 사용하는 도구들이 디스플레이 되어 있다.

주택을 개조했기에 기존의 방들이 모두 개별 공간으로 분리되어 있는데, 방마다 인테리어의 톤앤매너가 조금씩 달라지면서 전체적인 레트로풍의 무드는 유지하면서도 지루하지 않고 색다른 느낌이 든다. 철제 창문과 커튼, 천장의 자개 장식과 한국화 액자 같은 것들을 잘 버무려 마치 각 개별 공간이 전시 공간처럼 보이기도 한다.

점심 시간이 되자 2층까지 모든 테이블이 손님으로 가득 찬다. 누군가에겐 정겹고 반가울, 또 다른 이들에게는 낯설지만 흥미로울, 마치 영화 속 세트장 같은 공간에 다들 연신 셔터를 누르고 사진을 찍기에 바쁘다. 다른 장소, 다른 상황이었다면 딱히 관심을 갖지 않았을 참기름에 대한 설명도 괜히 자세히 들여다보았다.

참기름 라떼는 생각보다 부드럽고 고소했다. 커피의 씁쌀함이 참기름의 느끼함을 잡아주었고, 정겨운 참기름 냄새는 커피의 향기에 풍미를 더했다. 조화로웠다. 어설프게 흉내 낸 무드가 아니라, 감탄을 불러일으키는 진짜 레트로였다.

그 안에 보일 듯 말 듯 숨어있는 모던함이 촌스럽지 않고 감각적인 조화를 가져온다. '모던함'이 주는 상징적인 느낌과는 정반대의, 편안하고 안정적인 기분이 들게 하는 공간이다. 모든 것이 바쁘게, 기계적으로, 다소 딱딱하게 흘러가는 현대 사회에서 마주하는 과거는 실제보다 더 미화되기도 하고 그래서 현대인들에게는 어쩌면 위안과 위로가 되는가 보다. 어쩐지 '연남방앗간' 안은 바깥 세상과는 다른 공기가 흐르는 것 같이 느껴졌다.

연남방앗간

🗺 서울 마포구 동교로29길 34
📷 @yeonnambangagan
☎ 070-4200-2200

1_
연남방앗간
공간 데이터

별점평균  (3.9점)

리뷰 수 총합　　　　988개

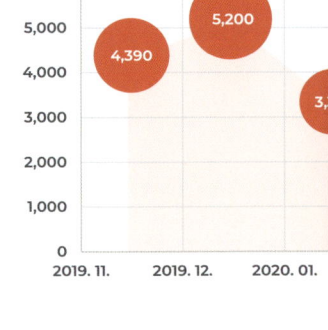

2,265
연남동

1,658
카페

- **분석 기간**: 2017.10~2020.11
- **분석 소스**: Blog, Community, SNS

- '연트럴파크'라 불리는 경의선숲길에 있는 연남방앗간은 카페, 전시, 편집샵을 함께 운영하고 있는 복합문화공간이다. 방앗간이라는 이름처럼 참기름도 팔고 참기름을 넣어 만든 커피인 '참깨라떼'도 판매하고 있다. 오래된 주택을 개조해 만든 공간이라 '옛집', '주택'과 같은 키워드가 연관된 것으로 보인다. 또한 고택 특유의 분위기를 살린 인테리어 덕분인지 연남동 데이트 장소로 인기를 끌고 있는 것으로 보인다.

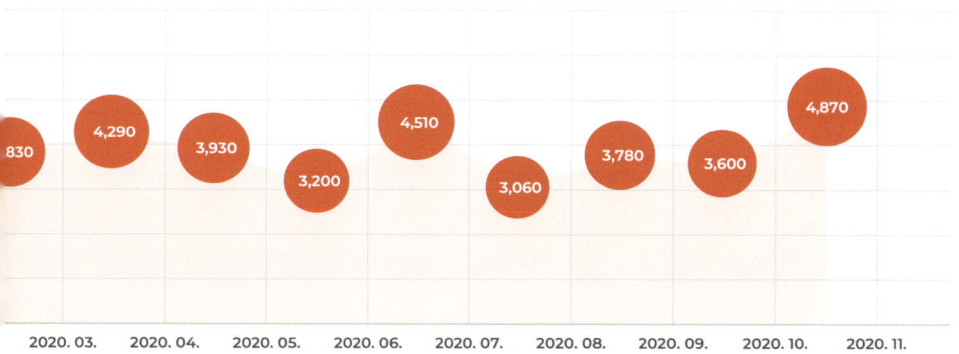

830	4,290	3,930	4,510	3,060	3,780	3,600	4,870	
2020. 03.	2020. 04.	2020. 05.	2020. 06.	2020. 07.	2020. 08.	2020. 09.	2020. 10.	2020. 11.

3,200 (2020.05)

1년간 월별 검색량 그래프 ▲   연관어 트리맵 차트 ▼

- 753 참기름
- 647 공간
- 461 연트럴파크
- 390 인테리어
- 345 집
- 394 문화
- 321 옛집
- 217 커피
- 200 아이스크림
- 252 홍대
- 142 전시
- 118 음식
- 11 분위기
- 391 복합문화공간
- 234 참깨
- 141 주택
- 108 연남동 맛집
- 10 서울

2_
호텔 세느장

낡고 오래된, 분홍빛의 타일 사이사이에 세월의 흔적이 묻어나는, 군데군데 타일이 떨어져 나가 시멘트 벽이 드러난 커다란 건물이 보인다. 흡사 영화 〈그랜드부다페스트 호텔〉을 떠올리게 하는 모양새다. 익선동의 골목 사이에 요즘 말로 힙한 바이브를 뽐내는 레트로풍의 '쎄느장'이란 간판도 함께 눈에 들어온다. 오래된 여관을 개조해 만들었다는 카페 '호텔 세느장'이다. 아마도 프랑스의 센 강을 일컫는 듯한 프랑스어 SEINE에 여관을 칭하는 장(莊)자를 덧붙여 '세느장'인 듯하다.

호텔 세느장은 글로우서울이 진행한 익선동 프로젝트의 산물이다. 익선동의 버려진 예전 모텔을 되살려 고객의 상상력을 자극하는 흥미로운 복합문화공간으로 재탄생 시켰다.

입구의 레드카펫과 금빛 차단봉, 고풍스러운 열쇠 모양의 손잡이와 유리창 너머로 들여다 보이는 앤틱한 인테리어가 골목 안의 어떤 공간과도 다르게 이국적으로 느껴진다. 마치 다른 시공간으로 넘어온 듯한 느낌이다.

금방이라도 견장이 달린 재킷을 입고 둥근 챙이 달린 모자를 쓴 벨보이가 문을 열어주며 맞이할 것 같다. 잘 모르는 사람들이나 외국인 관광객이라면 진짜 호텔이라고 착각할 수도 있을 법한 인테리어다.

최근 인기를 끌었던 드라마에 촬영지로 등장하기도 했던 이 공간은 중세 유럽의 호텔 콘셉트의 인테리어로 최근 불고 있는 뉴트로 열풍 속 카페나 문화공간들과는 사뭇 다르다. 일종의 테마 공간처럼 유니크한 고유의 색을 지니고 있다.

호텔 세느장은 1층부터 5층 루프탑까지 건물 전체를 사용한다. 1층엔 세느장의 트레이드마크, 까눌레를 비롯한 디저트가 전시되어 있고 음료를 주문할 수 있는 데스크가 '컨시어지'라는 이름으로 마련되어 있다. 공간 전체적으로 바닥에 깔린 붉은 카펫이 강렬한 인상을 준다.

진짜 호텔의 프런트 로비처럼 직원들도 유니폼을 차려 입고 보타이를 맸다. 2~3층은 카페 테이블이 있는 공간이고, 4~5층은 저녁에는 바로도 운영되는 카페 공용 공간이다.

각 층을 오르내리는 계단은 좁고 가파르며, 고풍스러운 샹들리에가 천정에 달려있고, 여기에도 역시 레드카펫이 깔려 있다. 2~3층의 포인트는 푸른 커튼인 듯하다. 노출 콘크리트 마감과 부서진 것처럼 연출한 벽돌 잔해, 폐장한 호텔을 리얼하게 재현했다.

호수가 붙어있는 문이 있는 벽면은 철거하지 않고 그대로 두어, 문을 열고 들어가면 눈 앞에 호텔방이 나타날 것만 같다. 빈티지한 벨벳 소재의 소파들과 풍성하게 주름 잡힌 벨벳 커튼이 곳곳에 드리워져 있다.

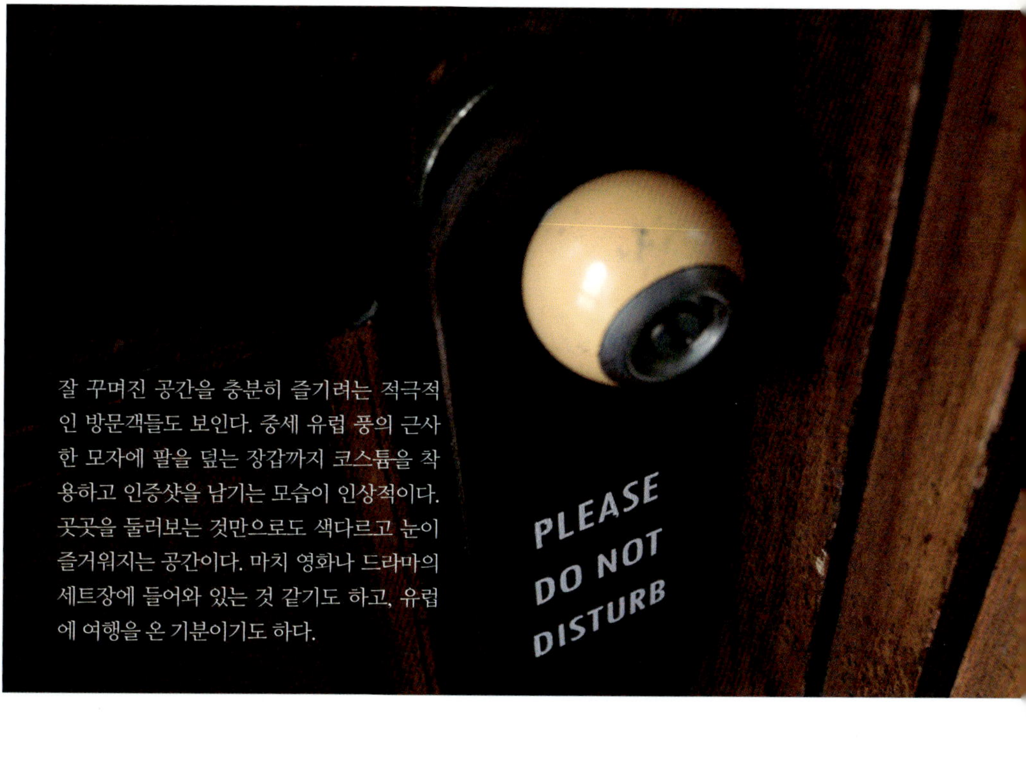

잘 꾸며진 공간을 충분히 즐기려는 적극적인 방문객들도 보인다. 중세 유럽 풍의 근사한 모자에 팔을 덮는 장갑까지 코스튬을 착용하고 인증샷을 남기는 모습이 인상적이다. 곳곳을 둘러보는 것만으로도 색다르고 눈이 즐거워지는 공간이다. 마치 영화나 드라마의 세트장에 들어와 있는 것 같기도 하고, 유럽에 여행을 온 기분이기도 하다.

특별한 공간은 그 자체로 콘텐츠가 된다. 색다른 무언가를 하지 않아도, 공간에 머물고 공간을 둘러보는 것 자체만으로도 독특한 경험을 제공한다. 그곳에서 차를 마시고 일행과 이야기를 나누고, 혼자 사색에 잠기게 하는, 일상적이고 평범한 행위들이 보다 특별해진다.

요즘 유행하는 모던하고 콤팩트하고 미니멀한 인테리어의 공간들도 좋지만, 이런 테마와 콘셉트를 가진 공간이 사랑받는 이유가 이것이 아닐까 싶다. 보여주고자 하는 것이 분명하고 색이 뚜렷한 공간이 많이 생겨 다채로운 문화생활의 토양이 되어주면 좋겠다.

호텔 세느장

서울 종로구 돈화문로11길 28-5
@cafe_seinejang
02-766-8211

2_ 호텔 세느장 공간 데이터

| 별점평균 |  (3.4점) |
| 리뷰 수 총합 | **1189**개 |

- **분석 기간**: 2018.11~2020.11
- **분석 소스**: Blog, Community, SNS

- 오래된 호텔을 개조한 카페인 호텔 세느장은 오픈부터 많은 관심을 받았다. 게다가 드라마 〈호텔 델루나〉의 촬영장소로 유명해진 데다 출연진의 사진이 들어간 '부채'와 '포토 카드'를 증정하는 이벤트를 진행한 바 있어 SNS상에서 많은 관심을 끈 것으로 보인다.

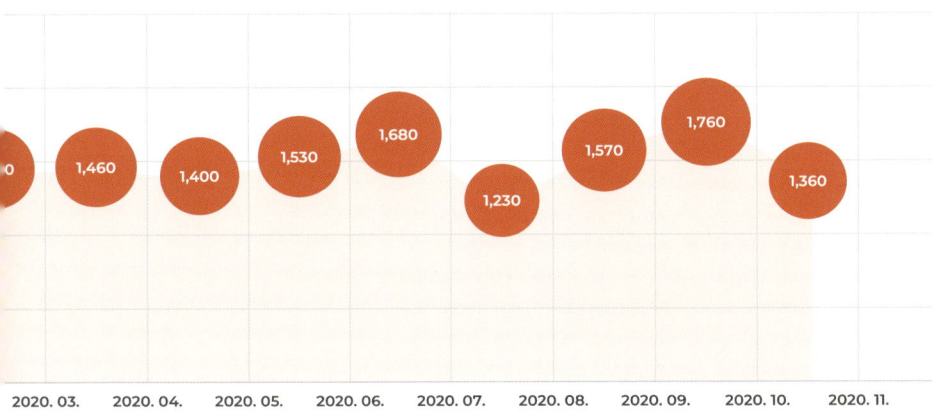

1년간 월별 검색량 그래프 ▲   연관어 트리맵 차트 ▼

261 익선동		85 홍보	85 종로
		85 카드	45 분위기
184 부채		34 드라마	29 스타트업	28 핫플레이스
		32 까눌레	28 맛	27 디저트
102 느낌			26 도쿄	26 기획	26 방콕
90 내부		31 서울			

3_
일광전구 라이트하우스

작년 말 즈음부터 동인천에 있는 개항로의 이야기가 자주 들려왔다. 특이한 것은 이름 뿐인 것 같이 느껴지는, 존재감 없었던 이곳이 점점 재미있고 멋진 거리로 바뀌고 있다는 것. 개항로라는 이름은 이 거리가 구한말 개항장 일대였기 때문에 붙은 이름으로, 한때는 인천에서 가장 번화한 곳이었다고 한다. 하지만, 2000년대에 들어서며 이러한 번화함은 사라지고 오랫동안 개발되지 않아 사람들의 발길이 점점 뜸해지고 있는 상황이었다.

새로운 개항로의 이미지는 여러 카테고리의 테넌트들이 만들어가고 있는데, 그중 가장 눈길이 가는 곳은 '라이트하우스'였다.

'라이트하우스'는 LED전구가 대세인 요즘에도 멋진 백열전구를 만들고 있는 '일광전구'의 쇼룸 역할을 하는 카페인데, 조명을 다루는 회사는 어떤 콘셉트로 이곳을 운영하고 있을지 직접 경험해보고 싶었다.

조명이 가장 돋보일 수 있는 시간에 찾은 '라이트하우스'는 이전에 병원이었다고 하는 오래된 건물의 모습을 최대한 살리며 감각적으로 활용한 모습이 인상적이다. 1층에는 이곳의 아이덴티티를 강하게 보여주는 전구 만드는 기계가 작동하고 있는데, 주변의 느낌과 어우러져 마치 하나의 설치미술을 보고 있는 것 같은 느낌을 들게 한다.

흥미로운 것은 이러한 느낌이 다른 공간에서도 계속되어, 이곳이 쇼룸이 아니라 멋지게 연출한 갤러리처럼 느껴지게 한다는 것이다.

'레트로'가 강력한 트렌드가 된 요즘, 개발되지 않은 예전의 모습을 온전히 간직하고 있는 지역의 매력은 대단히 크다고 할 수 있다. 이러한 매력은 다른 지역에서 볼 수 없는 로컬 브랜드를 통해서 보다 큰 힘을 얻게 되는데, 이러한 관점에서 '라이트하우스'는 새로운 개항로에 없어서는 안되는 브랜드 중 하나라고 생각한다. 해질 무렵 이곳을 찾아 50년이 훌쩍 넘은 조명 회사가 만드는 멋과 분위기를 느껴보는 것은 무척 즐거운 경험이 될 것이다.

일광전구 라이트하우스

인천 중구 참외전로174번길 8-1
@ik_lighthouse
010-3185-2081

3_
일광전구 라이트하우스 공간 데이터

별점평균  (3.9점)
리뷰 수 총합   **1450개**

- **분석 기간**: 2018.11~2020.11
- **분석 소스**: Blog, Community, SNS

- 인천에서 데이트하기 좋은 '핫플'로 인기를 끌고 있는 일광전구 라이트하우스는 카페와 베이커리를 겸하고 있다. 직접 빵을 구워 판매하기 때문에 관련 키워드가 나타났다. 또 이곳은 '병원'을 개조하여 독특한 분위기를 자아내고 사진찍기 좋은 조명 인테리어를 갖추고 있어 이와 관련된 단어들이 많이 언급되었다. 이 때문인지 사람들은 SNS상에서 '맛집', '카페스타그램', '일상' 등 다양한 해시태그를 통해 라이트하우스를 공유하는 중이다.

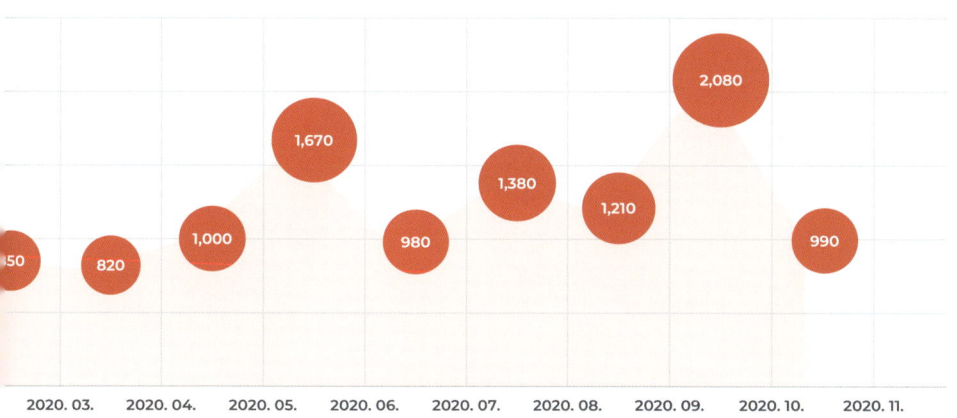

1년간 월별 검색량 그래프 ▲   연관어 트리맵 차트 ▼

824 전구	812 인천
193 중구	177 경동	107 사진	91 조명
188 커피	145 베이커리	88 프로젝트	73 인테리어	91 조명
179 빵	129 매장	84 데이트	67 맛집	6 공간
		82 분위기	66 카페스타그램	

4_
정음철물

낡은 것에 대한 생각이 '가치'라는 개념과 더해져, 새로운 것이 무조건 좋다는 생각이 변하고 있음을 느낄 때가 많은 요즘이다. 정성스럽게 매만지고 고쳐서 사용하는 일 자체가 가치를 유지하는 멋스러운 노력으로 평가받는다.

이러한 변화는 여러가지 용도의 공간으로 이어지고 있지만, 유독 집에 대해서는 여전히 새것의 가치가 늘 앞서있는 듯한 느낌이다.

지금처럼 아파트가 가득하기 전 동네의 모습을 생각해보면 이러 저러 뻗어 있는 골목의 모습이 그려지는데, 어느 동네에 가도 항상 어딘 가에는 철물점이 있었던 기억이 있다. 각종 공구부터 작은 못 하나까지 발 디딜틈 없이 빼곡하게 채워져 있던 철물점이 이제는 거의 보이지 않아 불편하고 아쉬울 때가 많다.

정음철물은 '집수리 컨시어지 서비스'라는 신선한 콘셉트를 가진 곳으로 '철물 편집샵'을 표방하고 있다. '집수리 컨시어지 서비스'라니, '철물 편집샵'이라니, 가보기도 전에 이미 정음철물은 나에게 멋진 공간이었다. 아직 새것의 바람이 강하게 불지 않은 연희동과 너무 잘 어울리는 이곳은 연희동에서 30여 년간 철물점으로 운영되며 동네 사랑방 역할을 하던 정음전자를 리뉴얼한 공간이다.

내부에 전시되어 있는 수많은 공구들과 부속들이 철물점인 이곳의 쓰임을 말해준다. 동네 사람들의 소소한 집수리나 인테리어 뿐만 아니라 팝업 전시를 하고 책을 팔고, 〈철물TV〉라는 유튜브 채널까지 운영하고 있는 정음철물에는 여전히 정음전자의 간판이 붙어 있다. 동네와 함께 호흡하는 로컬 기반의 콘텐츠가 어때야 하는지를 깊이 생각하게 한다.

아직 존재하는 철물점들이 이런 모습이면 어떨까 하는 상상을 해본다. 동네마다의 특색이 느껴지는 사랑방 같은 철물점. 우리 동네에도 그런 철물점이 있었으면 좋겠다.

정음철물

- 서울 서대문구 연희로11길 26
- @jungeum.tv
- 02-334-9452

4_
정음철물
공간 데이터

별점평균  (4.8점)
리뷰 수 총합   30개

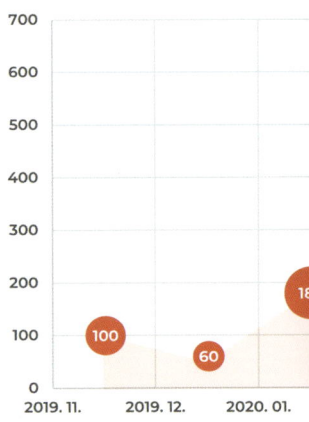

- **분석 기간**: 2019.10~2020.11
- **분석 소스**: Blog, Community, SNS

- 정음전자에서 '공구 편집샵'으로 변신한 정음철물은 다양한 브랜드와 콜라보레이션을 진행하는 복합문화공간이다. 그중 10월에 '에이스 하드웨어'와 콜라보로 팝업스토어를 오픈해 특색있는 공구 제품과 리빙 제품을 전시했다. COVID-19로 인해 집에 머무르는 시간이 늘어나며 셀프 인테리어에 관한 관심사가 증가했는데 이는 다양한 공구 제품을 보고 구매할 수 있는 정음철물에 대한 관심으로 이어진 것으로 보인다.

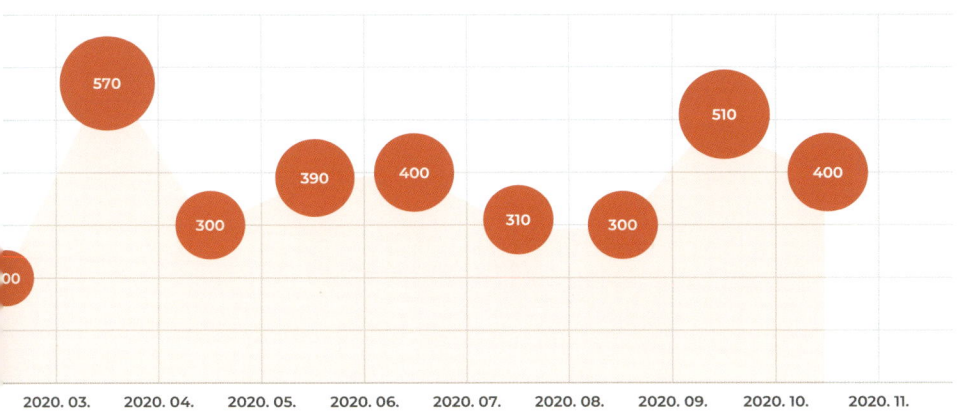

1년간 월별 검색량 그래프 ▲   연관어 트리맵 차트 ▼

35 상점	31 전기	28 건축
25 전시	20 인테리어	18 이자	17 서대문구
25 운영	16 사랑방	15 기초	14 공구
23 동네	15 공간	14 문화	14 복합문화공간	14 필두

5_
행화탕

1995년 겨울부터 1996년 가을까지 장장 10개월에 달하는 긴 시간, 총 83부작이 방영되며 국민들의 주말 저녁을 책임졌던 가족드라마가 있다. 내로라하는 히트작을 써낸 국민작가 김수현의 작품, 시청률 50%를 훌쩍 넘기며 역대 한국 드라마 시청률 탑20 안에 든 〈목욕탕집 남자들〉이다. 무려 30년 동안, 3대에 걸쳐 목욕탕을 운영하는 대가족의 이야기를 다룬 작품이다.

이처럼 아주 오랜 시간 자리를 지키며 자연스럽게 동네 사람들이 모여 서로의 안부를 묻고 근황을 공유하며 일상의 희로애락을 나누는 곳. 그럼으로써 커뮤니티의 역사와 세월을 품게 되는 공간. 한 주의 때를 벗겨내면서 고단했던 심신의 피로를 풀고, 새롭게 한 주를 시작할 수 있는 에너지를 채워내는 공간이 바로 목욕탕이다.

때문에 꽤 많은 사람들의 어린 시절 추억 한편에 목욕탕이 자리잡고 있을 것이다. 그런 향수와 그리움이 담긴 지역이 낙후되면서 추억이 깃든, 익숙한 공간들이 사라질 때의 서운함과 아쉬운 마음은 달래기가 어렵다.

행화탕은 1958년에 지어져 40년이 훌쩍 넘는 세월 동안 아현동 주민들의 사랑방이 되어준 공간이었다. 2000년대에 들어서면서 사우나, 찜질방, 고급 스파 등의 시설이 등장해 발길이 뜸해졌고 어느 날 갑자기 문을 닫는다. 이후 재개발 구역이 되면서 유휴공간으로 버려져 있던 곳을 문화예술 콘텐츠 기획사 '축제행성'이 발견해 행화탕의 묵은 때를 벗기고 복합문화공간으로 재탄생 시켰다.

이곳은 엄청난 실내 건축 인테리어를 하지 않았음에도 공간의 멋스러움이 느껴진다. 간판을 바꾸지도 않았고 낡고 깨진 타일, 허물어진 벽, 낡은 천장 골조 등 목욕탕에서 사용하던 대부분의 것들을 그대로 남겨놓고 재활용했다. 이것이 곧 세일즈 포인트가 되고, 또 흥미로운 콘텐츠가 됐다.

행화탕은 방문자들로 하여금 지금은 잊힌, 익숙한 장소에 대한 기억을 환기시킨다.

붉은색 벽돌로 만들어진 굴뚝에 쓰인 목욕탕과 노란 외벽에 쓰인 행화탕이라는 글자, 그리고 남탕과 여탕으로 나뉜 문. 외관은 영락없는 목욕탕이다. 목욕탕 특유의 증기 냄새가 코 끝에, 삼삼오오 평상 위에 모여 앉아 수다를 떠는 아주머니들의 소리가 귓가에 맴도는 것만 같다. 막 냉장고에서 꺼낸 차가운 삼각 커피우유의 감촉, 그 시원하고 달콤한 맛도 떠오른다. 안쪽으로 들어가면 색다른 공간을 마주할 수 있다.

예전엔 냉탕과 온탕이, 사우나와 샤워시설이 있었을 공간이 공연, 전시, 촬영을 할 수 있는 홀이 되고, 탈의실로 쓰였던 곳이 음료를 즐기며 담소를 나눌 수 있는 공간으로 꾸며져 있다. 목욕탕의 흔적을 고스란히 가지고 있는 공간이 이렇게 복합예술공간으로 절묘하게 바뀐 것이 생소하면서도 신기했다. 공간 한편에 전시된 목욕용품을 모티브로 한 귀여운 제작 상품들이 이곳의 개성을 더했다.

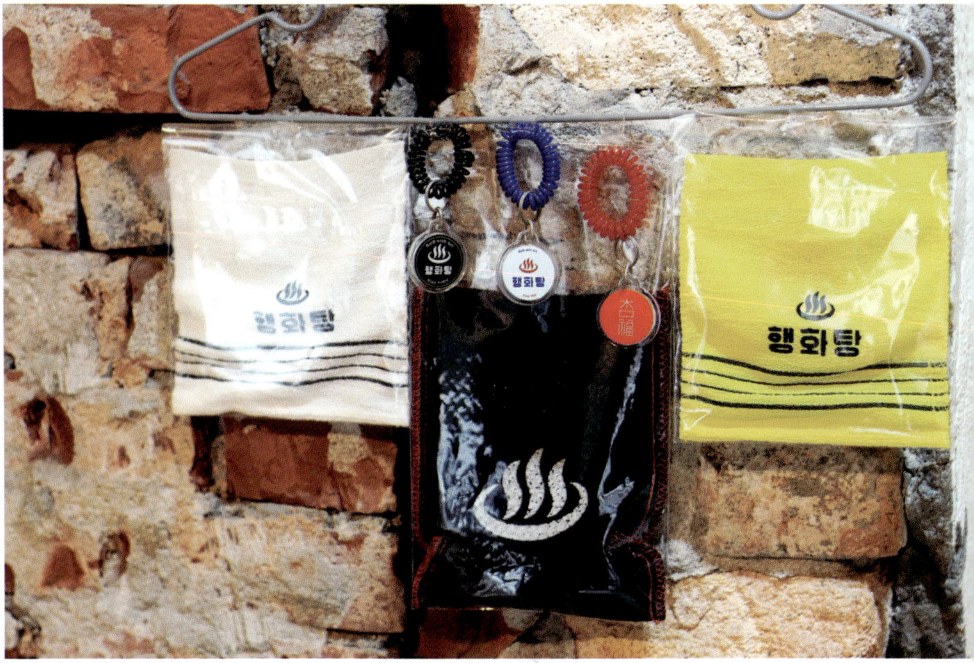
행화탕
행화탕
행화탕
행화탕

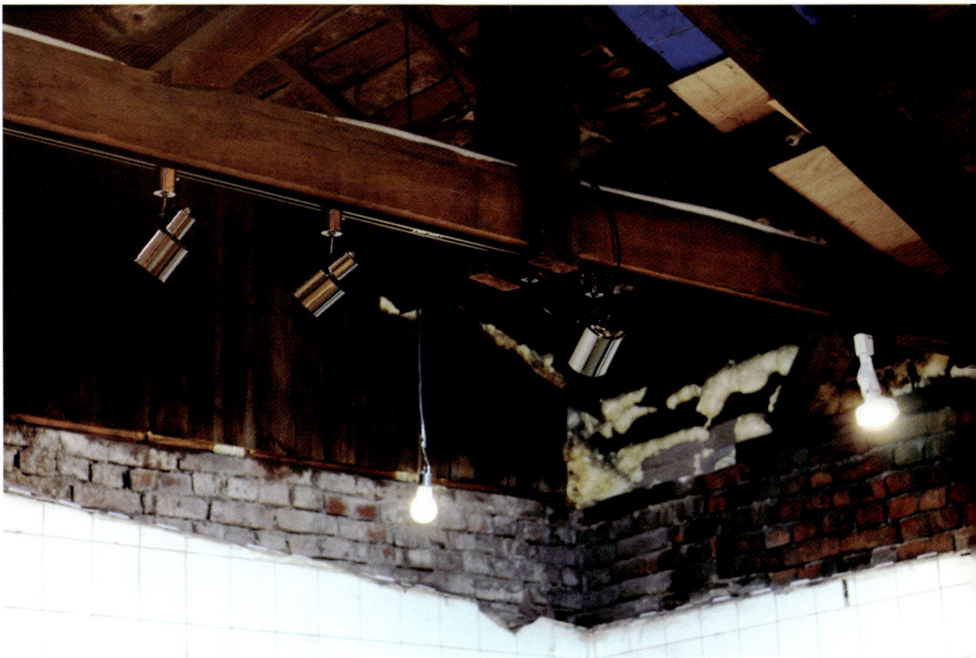

행화탕이 더욱 특별한 이유는 다양한 의미를 담고 있기 때문이다. 예로부터 살구나무가 많았던 지역이라 살구 '행'에 꽃 '화'자를 써 붙여진 이름인 행화탕은 이름을 통해 그 지역의 히스토리를 보여준다. 그 뿐만 아니라 동네의 터줏대감으로서 60년 세월을 간직한, 사람들의 추억과 이야깃거리면서 지속 가능한 개발의 상징이 되기도 한다.

공간은 변했지만 그곳은 여전히 소소한 일상과 삶을 나누는 소통의 창구이다. 이처럼 단지 옛 것을 보존해서가 아니라, 과거와 현재의 이야기를 함께 써 내려 갈 수 있다는 점이 재생 건축의 매력이고, 그런 공간이 사람들에게 사랑받는 이유가 아닐까.

행화탕

🗺 서울 마포구 마포대로19길 12
📷 @haenghwatang
☎ 02-312-5540

5_
행화탕
공간 데이터

별점평균  (4.2점)
리뷰 수 총합   **417**개

- **분석 기간**: 2016.05~2020.11
- **분석 소스**: Blog, Community, SNS

- 목욕탕의 외관을 하고 있는 복합문화공간, 행화탕에서는 여러 형태의 문화행사가 진행된다. 누군가의 작은 공연장이 되기도 하고, 누군가의 작품을 선보이는 곳이 되기도 한다. 다양하게 변신하는 공간이기에 때에 따라 여러 키워드가 나타난다. 하지만 문화, 예술의 연관어는 꾸준히 언급되고 있다. 2020년 10월 예능프로그램 〈놀면 뭐하니?〉에서 촬영장소로 등장하여 많은 관심을 받기도 했다.

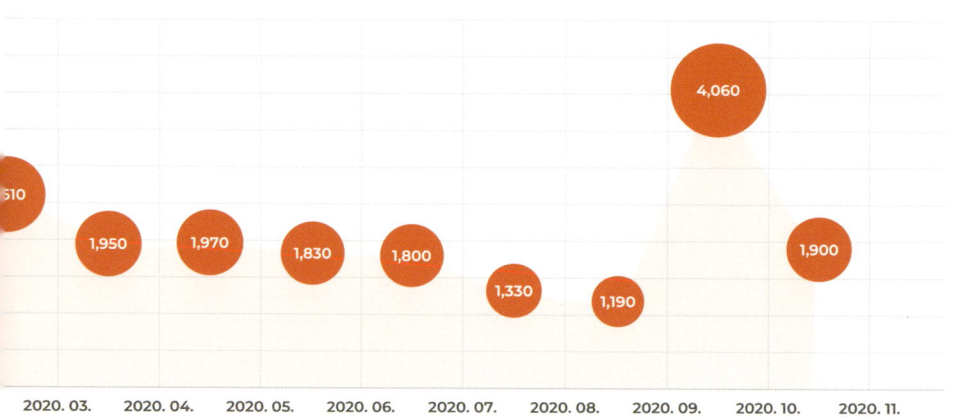

1년간 월별 검색량 그래프 ▲   연관어 트리맵 차트 ▼

37 공간	30 전시	23 동네
21 예술	19 서울문화재단	19 사바나앤드론즈	18 마포구
20 문화	15 라이브	13 공유	12 프로젝트	11 수족관
20 극장	14 우면산	12 토요일	11 낙원상가	9 복합문화공간

가치 있는 소비가 이루어 지는 공간. 저마다 다른 지향점을 향해 달려가는 특별한 공간 들, 소비자의 소비를 더 가치 있게 만들어 주는 공간을 살펴본다.

사회적 가치, 공간이 되다

1_
알맹상점 (제로웨이스트샵)

이마트와 환경부가 합심해 만든 슈가버블 세제 리필스테이션과 국내 화장품 업계 최초로 아모레퍼시픽에서 운영하는 화장품 리필스테이션까지, 최근 기업들이 제로웨이스트를 향한 움직임을 보이기 시작했다. 친환경적이면서도 가치 있는 소비를 원하는 소비자들이 많아지자 기업들도 그에 맞는 반응을 보이는 듯하다. 이러한 선순환의 출발선에는 알맹상점이 있었다.

제로웨이스트샵인 알맹상점은 제로웨이스트와 플라스틱 프리에 대한 인식제고와 실천을 위해 꾸준히 노력해왔다고 한다. 망원시장에서 검은색 비닐봉지와 선포장을 없애기 위한 캠페인을 하며 시작된 '알맹프로젝트'는 자그마한 공간의 세제소분샵으로 그리고 지금의 알맹상점으로 발전했다. 2년 전 카페 한편에서 시작된 프로젝트가 껍데기 없이 알맹이만을 원하는 사람들을 한데로 모아 단체가 되었고, 번듯한 공간이 되었다.

망원동 어느 도로 2층에 자리잡고 있는 알맹상점은 모르고 가면 지나칠 수도 있는 외관을 가졌지만 드나드는 사람은 끊이질 않는다. 다들 손에 신발끈, 에코백, 종이팩 등을 하나씩 들고 찾아와 재활용을 하기도 하고 샴푸, 비누, 화장품을 구매해 알맹이만 가져가기도 한다.

지역 동네에서 시작된 상점이지만 제로웨이스트에 관심있는 사람들이 다양한 지역에서 이곳으로 모인다. 전주에서 오셨다고 하는 분도 있을 만큼 제로웨이스트에 대한 열정과 관심으로 많은 사람들이 이 공간을 찾고 있다. 다양한 연령대 중 젊은 층도 많았는데, SNS를 기반으로 다채로운 정체성을 표현하는 젊은 세대들도 제로웨이스트를 하나의 체험 혹은 취향으로 받아들이면서 알맹상점에 대한 관심도 높아진 듯하다.

알맹상점은 없는 것 빼고 다 있는 상점이라 할 수 있다. 한쪽 벽면을 차지하고 있는 메인 선반에는 일회용품 사용 빈도가 높은 주방용품들을 대체할 수 있는 플라스틱 프리 제품들이 다양하게 진열되어 있다. 천연 밀랍으로 만들어 재사용할 수 있는 랩부터 천연수세미도 있고, 요리할 때 사용하는 발사믹 소스나 올리브오일 등의 식재료도 이곳에서 담아갈 수 있다. 또 다른 한편에는 화장품이나 샴푸, 세제 등을 담아갈 수 있는 리필스테이션이 마련되어 있다.

잘 세척되어 재사용할 수 있는 공병도 있어 미처 통을 준비하지 못하고 우연히 들른 사람들도 알맹이를 구매 혹은 대여할 수 있도록 준비되어 있다.

각 상품마다 무엇으로 만들어지고, 어떻게 사용할 수 있는지 자세한 설명이 쓰여 있어 처음 방문한 사람들도 어려움 없이 둘러보고 구매할 수 있다는 점이 돋보였다. 또 플라스틱 병뚜껑, 에코백, 신발끈과 같이 주변에서 쉽게 구할 수 있는 것들을 커뮤니티 회수센터에서 수거해 대신 재활용과 재사용을 하며 제로웨이스트에 대한 진입장벽을 낮췄다.

UREKA

우린
일회용이
아니니까

쓰레기 사회에서
살아남는
플라스틱 프리 실천법

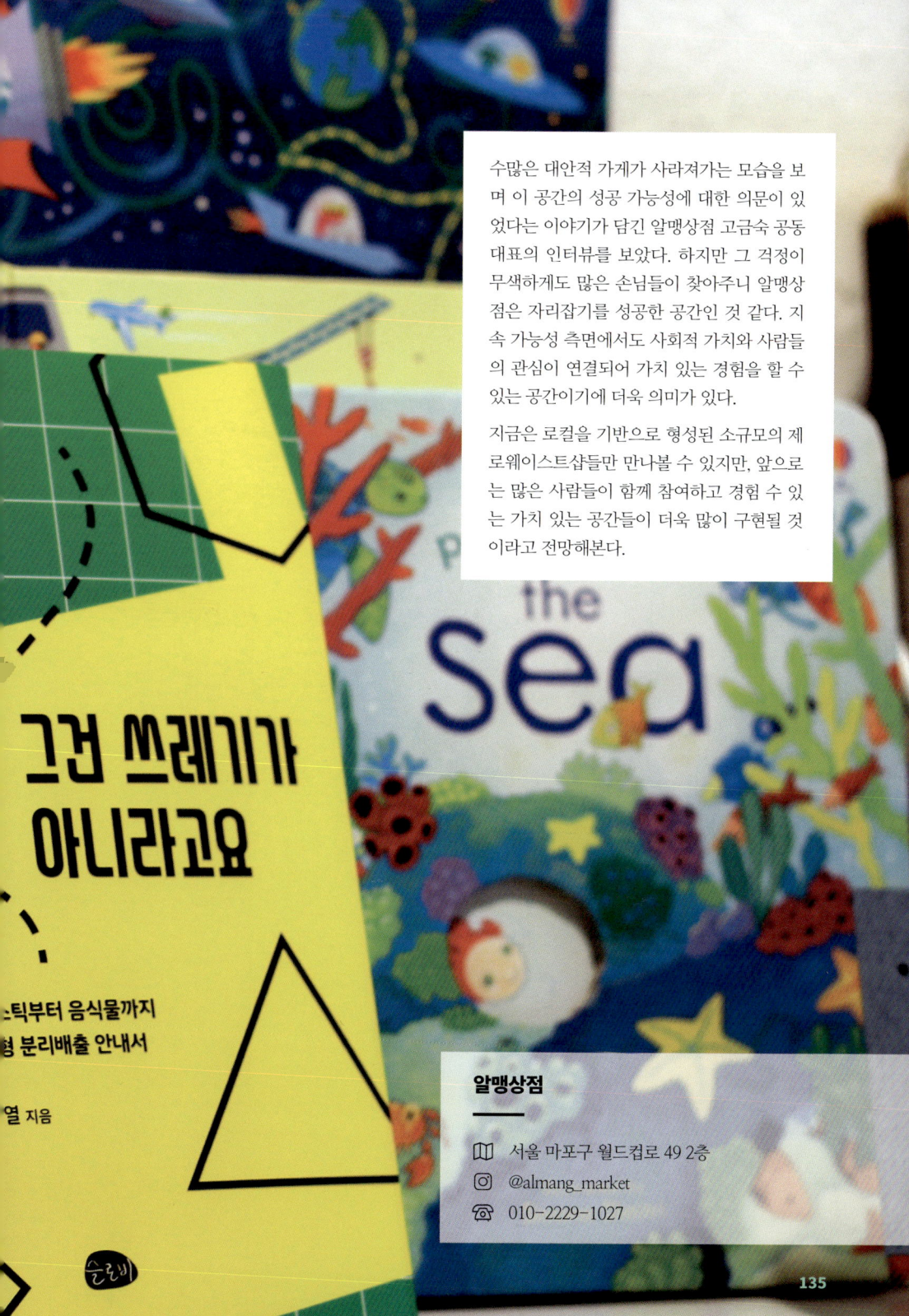

수많은 대안적 가게가 사라져가는 모습을 보며 이 공간의 성공 가능성에 대한 의문이 있었다는 이야기가 담긴 알맹상점 고금숙 공동대표의 인터뷰를 보았다. 하지만 그 걱정이 무색하게도 많은 손님들이 찾아주니 알맹상점은 자리잡기를 성공한 공간인 것 같다. 지속 가능성 측면에서도 사회적 가치와 사람들의 관심이 연결되어 가치 있는 경험을 할 수 있는 공간이기에 더욱 의미가 있다.

지금은 로컬을 기반으로 형성된 소규모의 제로웨이스트샵들만 만나볼 수 있지만, 앞으로는 많은 사람들이 함께 참여하고 경험 수 있는 가치 있는 공간들이 더욱 많이 구현될 것이라고 전망해본다.

알맹상점

- 서울 마포구 월드컵로 49 2층
- @almang_market
- 010-2229-1027

1_
알맹상점(제로웨이스트샵) 공간 데이터

별점평균 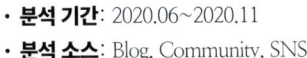 (4.8점)
리뷰 수 총합 　　　　272개

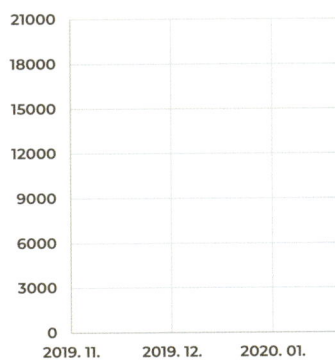

- **분석 기간**: 2020.06~2020.11
- **분석 소스**: Blog, Community, SNS

- 알맹상점과 관련된 상위 키워드는 '플라스틱'이다. 환경문제에 대한 걱정이 증가하는 동시에 플라스틱 프리, 제로웨이스트, 재활용에 대한 관심도 증가하고 있다. 플라스틱 프리 제품을 판매하는 알맹상점에 대한 관심도도 자연스럽게 늘어나는 모습이 나타난다. 또한 알맹상점에서 판매하고 있는 제품들이 연관어로 등장했다.

2020.03.	2020.04.	2020.05.	2020.06.	2020.07.	2020.08.	2020.09.	2020.10.	2020.11.
		3,710	9,850	8,020	11,100	16,700	15,700	

1년간 월별 검색량 그래프 ▲   연관어 트리맵 차트 ▼

1,706 샴푸	1,405 로즈마리	1,405 상점
1,558 망원동	1,405 제로웨이스트	998 쓰레기
1,406 올인원	776 세제	404 환경	388 지구
		372 포장	267 가게	248 리필
1,405 세안	613 재활용	270 물건	230 친환경

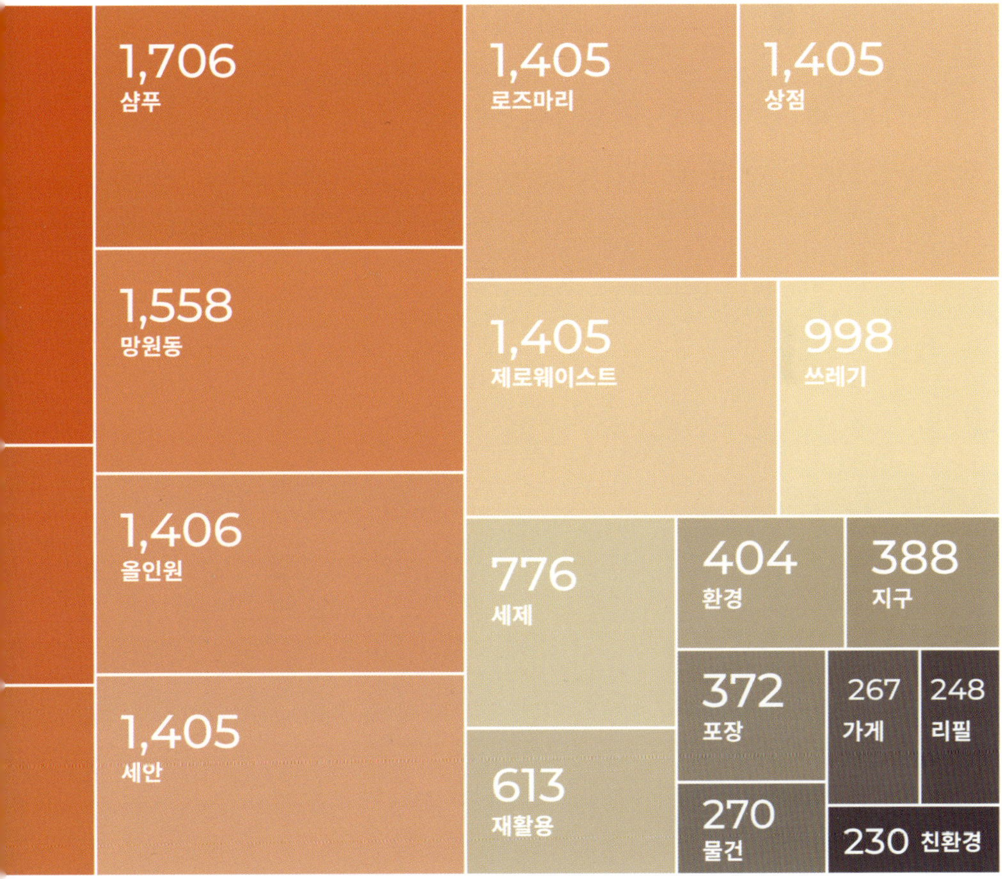

2_
슬로우포레스트
(동물보호)

길을 걷다가 마주하는 어느 골목으로 들어서도 동화 같은 모습이 눈 앞에 펼쳐지는 동네 삼청동. 그래서 이리 저리 누비다 시간이 훌쩍 가버리는 매력적인 곳. 카페 슬로우포레스트는 잠시 한 눈 팔면 놓치고 지나쳐 지도를 더듬어야 하는, 그런 골목이 즐비한 삼청동 안에 위치해 있다.

한옥들이 빼곡히 자리잡고 있는 곳에서 이름마저 '포레스트'인, 숲을 콘셉트로 하는 공간은 어떤 모습일지 궁금했다. 진짜 숲처럼 나무가 우거진 공간일까? 초록색의 인테리어 포인트를 가진 공간일까? 단편적으로 상상을 해볼수록 호기심이 커졌다.

골목 어귀에서 마주한 슬로우포레스트는 깔끔한 화이트와 차분한 우드가 조화로운 작은 숲이었다. 내부에 들어서자 조그맣게 보이는 창 틈사이로 "안녕하세요." 반겨주는 소리에 정감이 느껴졌다. 여느 카페처럼 개방 되어 있는 카운터와 달리 작은 반달모양 구멍만을 남겨둔 매표소처럼 생긴 카운터가 참 예뻤다. 또 한쪽 벽을 차지하고 있는 정갈한 제품들이 눈길을 끈다.

한마디로 착해 보이는 것들이다. 강렬하고 톡톡 튀는 것과는 달리 편안하고 무해할 것만 같은 것들이 이 공간에 느낌을 더해주고 있다. 따뜻한 분위기로 채워진 1층은 카페가 아니라 누군가의 잘 꾸며진 거실을 구경하는 것 같다.

찬찬히 둘러보다 보면 공간 구석마다 반려동물을 애정하는 주인장의 마음씨가 묻어난다. 반려견을 위한 물그릇과 공간 그리고 직접 만든 우드 하우스까지 세심한 배려가 돋보인다. 이 공간은 유기견을 돕는데도 힘쓰고 있다고 한다.

정기적으로 유기견 입양제를 열며 반려견의 동반자를 찾아주고, 재사회화를 도와준다. 2층의 한편에는 반려견을 미용시킬 수 있는 방도 있다. 내가 이 공간을 방문함으로써 유기견을 돕는데 동참한다고 하니 괜스레 뿌듯하고 마음이 몽글몽글해졌다. 누군가를 위해 마음 쓰는 것이 쉬운 일은 아니건만, 진정으로 사랑하기 때문에 챙기고 돌볼 수 있는 거겠지.

'선한 영향력'을 행사하는 일이란 그리 쉽지 않다. 좋아하는 곳에 머물며 사람들을 맞이하는 것만으로도 충분하지만 슬로우포레스트는 달랐다. 유기견과 환경을 생각할 수 있는 공간을 만들고 사람들이 동참할 수 있는 연결고리를 만들어 주었다.

직접 구매를 하지 않더라도 대나무 빨대와 썩는 비닐이 환경에 어떤 도움을 주는지 알게 해준다. 사람들은 이렇게 공간에서 새로운 생각을 접한다. 우리 주변에는 수없이 생기고 없어지기를 반복하는 공간들이 있다. 그사이에서 슬로우포레스트는 그들만의 견고한 숲을 만들고 있었다.

자세히 들여다볼수록 공간의 매력은 더해진다. 큰 창, 작은 창, 군데군데 나 있는 창에 시선을 돌려본다. 창문 너머로 눈에 담기는 한옥들이 정감 있으면서도 쉽게 볼 수 없는 풍경이기에 매력적으로 다가왔다. 찬찬히 한옥 기와들을 훑어보다 보면 아직도 이런 풍경을 볼 수 있다는 것에 새삼 감사히 느껴진다. 옛 것만이 줄 수 있는 분위기와 느낌이 있기에 소중히 그 시간을 즐겨본다.

누구와 마주앉아 차를 마시며 이야기하는 것도 좋지만 사색을 즐기며 천천히 차를 음미하고 싶은 순간이 있다. 도롯가에 즐비한 카페들은 내게 그런 시간과 풍경을 주지 않는다. 그렇기 때문에 하늘과 한옥의 정취를 만끽하고 싶을 때 나도 모르게 이곳으로 다시 발걸음을 옮길 것 같다.

.레스트 하우스'는
자인하고 제작한 제품입니다.
궁금한 점이 있으시다면 직원에게 문의해 주세요.

온라인에서도 구입하실 수 있습니다.

.kr

슬로우포레스트

서울 종로구 삼청로5길 20
@_slowforest_
070-7525-5600

2_
슬로우포레스트(동물보호) 공간 데이터

별점평균 ★★★★☆ (3.8점)
리뷰 수 총합 **479**개

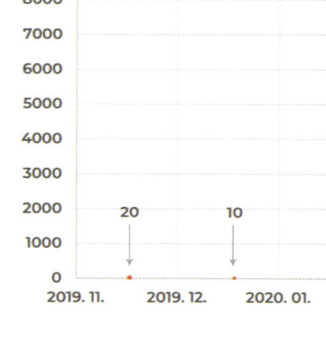

- **분석 기간**: 2019.12~2020.11
- **분석 소스**: Blog, Community, SNS

- 카페이면서 유기동물 구조와 재사회화를 돕기도 하는 공간인 슬로우포레스트는 '애견', '유기견'과 관련된 키워드가 상단에 나타났다. 유기견을 분양하는 프로젝트인 유기견 분양제는 슬로우포레스트와 '꽃길'팀이 함께 진행하고 있어 연관어로 나타났다. 그 외에도 '후원', '구조'와 같은 단어들이 많이 언급된 것으로 보아 유기동물에 대한 이야기가 비중이 큰 것으로 보인다.

1,573 포레스트

806 카페

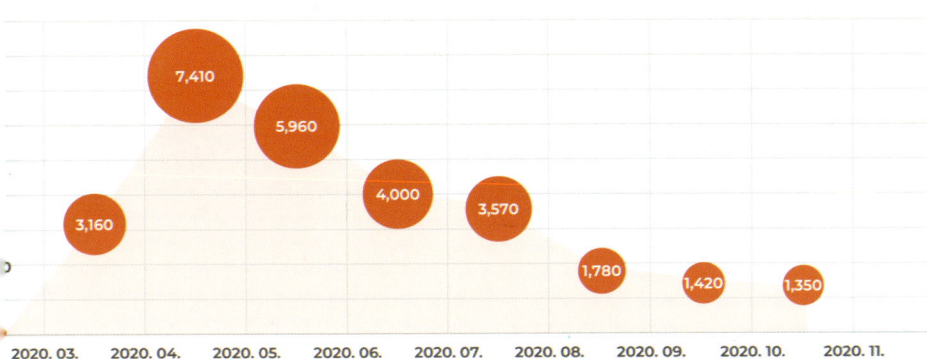

1년간 월별 검색량 그래프 ▲　　**연관어 트리맵 차트 ▼**

693 삼청동

159 애견	75 꽃길	66 구조	66 분양
97 일상	65 커피	65 종로구	57 닥스훈트
89 유기견	55 장소	53 리그램	51 일정
			51 말티즈
77 공간	53 후원	52 안전	50 북촌

3_
헤이보울
(채식주의)

3~4년 사이 채식에 대한 관심이 급증하면서 한국의 요식업계에도 채식주의 바람이 불고 있다. 몇 년 전 미국에서 생활할 때, 대부분의 카페나 식당에 비건을 위한 선택지가 마련되어 있는 것을 보고 놀란 적이 있다.
소비자의 취향과 가치관에 따라서 메뉴의 재료를 선택하고 바꿀 수 있다는 것이 하나의 컬처쇼크로 다가왔었다. 하지만 이제는 한국의 많은 커피숍에서도 라테를 주문할 때 우유를 두유로 바꿀 수 있는 옵션이 생겼다.

채식을 하는 이들을 위한 식당과 마트가 생기면서 소비자들은 일상에서 비건과 한 발짝 더 가까워졌다. 건강 뿐 아니라 동물과 환경에 미치는 영향까지 생각하는 사람들이 늘어나면서 자연스럽게 비건에 관한 관심이 높아지고, 관련 시장도 커지고 있다.
꾸준히 비건식을 유지하지는 못하더라도 도전 혹은 경험 삼아 비건식에 참여하는 이들도 있어 한때 비건 챌린지가 유행하기도 했다. 비건이 우리와 이렇게 가까워진 만큼 비건과 관련된 다양한 공간들도 많이 생겨났다. 비건 카페, 비건 베이커리, 비건 식당 등 오프라인에서도 비건 열풍이 거세다.
그중 스무디볼을 파는 헤이보울은 오픈 직후부터 단연 큰 관심을 받으며 SNS를 통해 입소문을 타고 있다.

국내에서는 찾아보기 힘들었던 스무디볼 카페인 헤이보울은 우유나 요거트 같은 유제품이 들어가지 않은 스무디볼을 만들고 있다. 과일을 갈아 만든 스무디 위에 그래놀라와 생과일을 올려 헤이보울만의 비건 지향식을 만든다고 한다.

비건에 대해 단순하게 생각하지 않고 소비자 그리고 환경과 동물권에 대해 생각한다는 헤이보울의 입장이 마음에 와 닿았다. 그냥 상업을 위해 만들어진 공간이 아니라 가치와 지향점이 뚜렷하고 진정성이 있는 공간이라는 생각이 든다.

헤이보울 한편에 마련되어 있는 공간인 '영감책장'에서도 이 공간이 어떤 가치관을 가지고 있는지 엿볼 수 있다.

이곳을 만들면서 영감을 주었던 콘텐츠들을 소개하는 스팟으로 비건, 발리, 브랜딩에 관련한 책들이 놓여있다. 책들을 찬찬히 들여다보니 헤이보울이 참 솔직하고 올곧은 브랜드라는 것이 보였다. 브랜딩에 녹여낸 인사이트를 소비자와 공유하며 공감을 끌어내는 점이 좋았다.

발리에서 영감을 받아 만들어졌다는 헤이보울은 화이트&오렌지 컬러 포인트로 깔끔하고 심플한 외관에, 내부는 원목의 따뜻함과 푸르른 식물의 에너지가 가득한 공간이다. 컨셉에 맞게 곳곳에 배치돼 있는 라탄 조명과 라탄 가구들 그리고 식기류까지 휴양지의 여유로운 느낌이 물씬 전해져 온다.

널찍한 공간에 오픈되어 있는 바 형식의 카운터, 그리고 식물들로 가득 채워진 공간에 앉아있다 보면 답답한 실내가 아니라 탁 트인 야외에 있는 것 같은 신선한 느낌이 든다. 투명하게 오픈된 바에서 만들어지는 스무디볼을 보고 있으면 여러 과일이 조합된 그 맛이 궁금해지기도 한다.

헤이보울에서의 시간은 도심을 벗어나 잠깐이나마 한가로운 휴양지로 여행을 떠나온 것 같은 착각을 불러일으킨다. 공간의 분위기와 스무디볼의 상큼함이 일상을 리프레쉬 하기에 안성맞춤이었다.

헤이보울은 부디 오래 자리를 지켜 주기를 바라게 되는 공간이다. 그들이 추구하는 가치가 소비자들에게 더 나은 선택지를 제공한다. 비건 지향식을 판매하고, 개인 용기를 가져오면 할인을 해주고 포장 용기를 친환경으로 바꾸는 것. 이 모든 것이 브랜드 혹은 공간의 운영자의 선택과 노력이 시발점이 되어야 소비자들이 그 다음을 선택할 수 있다. 헤이보울의 선택이 소비자들에게 의미 있는 선택과 소비가 된다. 즐거움과 가치가 공존하는 공간, 헤이보울이 오래 사랑받았으면 하는 이유이다.

헤이보울

- 서울 성동구 성수이로7가길 13
- @hey.bowl
- 070-8845-6847

3_ 헤이보울(채식주의) 공간 데이터

별점평균 ★★★★☆ (4.4점)
리뷰 수 총합   1,320개

- **분석 기간**: 2020.03~2020.11
- **분석 소스**: Blog, Community, SNS

- 핫플레이스 성수와 핫키워드인 비건*의 만남 덕분인지 헤이보울은 오픈부터 폭발적인 반응을 보였다. 여름과 잘 어울리는 시원한 스무디볼 그리고 맛집 소개로 유명한 인스타그래머의 소개까지 합쳐져 헤이보울은 성수동에서 꼭 가봐야 할 공간으로 꼽히기도 했다. 비건은 우리의 식단과 연관된 만큼 음식이나 식자재와 연관된 키워드가 많다. 그 중 '맛'이 가장 큰 비중을 차지했는데 채소, 견과류, 과일 위주의 식단이지만 맛도 중요하게 생각한다는 것을 보여준다. 헤이보울이 비건 카페로 많은 인기를 끌고 있는 것도 과일과 견과류의 상큼하고 신선한 맛의 조합을 보여준 덕분인 것으로 보인다.

*비건이란? 채소, 과일, 해초 등의 식물성 음식 외의 음식을 먹지 않는 완전한 채식주의자.

72,904
맛

64,015
채식

57,618
제품

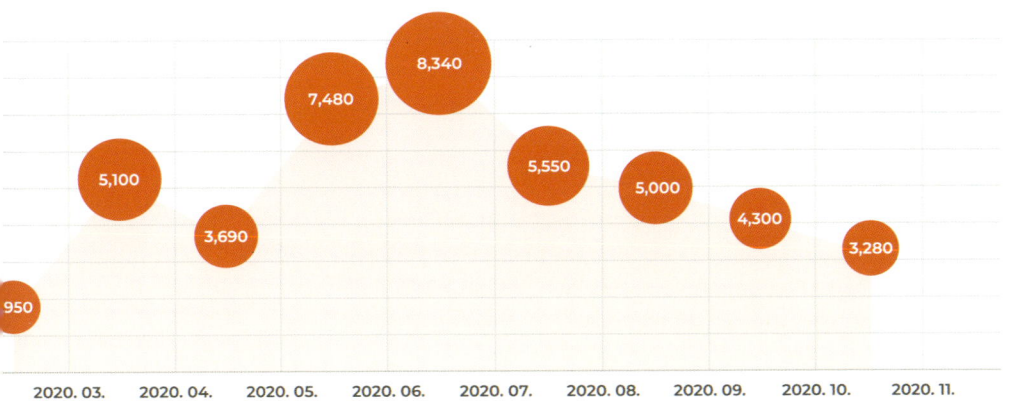

1년간 월별 검색량 그래프 ▲   연관어 트리맵 차트 ▼

32,798 메뉴	28,959 카페	27,282 베이커리	26,738 다이어트
31,161 빵	24,635 요리	22,785 버터	21,543 비건빵
21,099 식단	23,756 고기	21,401 음식	18,830 아침
29,159 재료	23,508 디저트	21,326 브랜드	18,143 성분

*헤이보울은 2020년 3월에 오픈한 공간으로 유의미한 데이터가 충분히 확보되지 않아 공간의 테마인 '비건' 관련 키워드 데이터로 대신하였습니다.

에필로그

스페이스뱅크는 2020년 한 해 동안 우리 주변에 있는 공간들을 소개하고 공간과 이용자를 이어주는 플랫폼으로써 다양한 공간들을 여러분에게 소개하기 위해 취재하고, 콘텐츠를 발행해왔다.

그리고 그 연장 선상에서 이야기들을 모아 우리가 경험했던 다양한 공간들이 어떤 가치와 의미가 있는지 몇 개의 주제로 나눠 엮어보았다.

한 공간이 만들어진 이유와 만들어지기까지의 과정, 그 공간이 무엇으로 구성되고 어떤 가치들을 담고 있는지, 그리고 그런 공간들은 어떤 철학을 바탕으로 운영되는지 등을 들여다보면서 독자들과 함께 오프라인 공간의 트렌드와 방향성을 찾아 나가고자 했다. 비대면의 시대라고는 하지만 인간 존재가 본디 사회를 이루어 살아가는 동물인 만큼 우리 주변에는 타인과 함께 나눠야 하는 여러 형태의 공간들이 있다.

우리는 이 책이 독자들로 하여금 그런 공간들에 더 많은 관심을 가지게 만드는 매개체 역할을 하기를 바란다.

각 공간의 이야기 말미에 덧붙여진 자료에 대해 설명을 해보자면, 스페이스뱅크가 취재한 공간이 어떤 트렌드 속에서 어떤 지표들을 내포하고 있는가를 데이터로 수집하고 이를 시각화하여 나타낸 것이다.

공간이 현재 얼마만큼의 관심을 받고 있는지, 변화의 양상은 어떤지 공간과 연관된 키워드들을 통해 파악했다. 공간 키워드는 트렌드뿐만 아니라 그 공간이 가지고 있는 성격과 특징을 단어로 잘 나타내 준다. 생각지도 못한 키워드가 인기를 끌고 있기도 하고 공간을 잘 정의하는 키워드가 보이기도 한다.

이러한 데이터를 바탕으로 독자들이 공간에 담긴 가치와 이야기를 파악하고, 공간과 관련한 트렌드의 흐름에 대한 인사이트를 얻어갈 수 있기를 바란다.

COVID-19의 영향으로 사람들의 생활패턴이 급격하게 변하면서 사람들은 주거지에서 동선이 크게 벗어나지 않는 생활, 즉 '동네 라이프'에 관심을 가지기 시작했다.

집 근처에 뭐가 있는지, 우리 동네에도 예쁜 카페나 음식점, 힙한 공간이 있는지 궁금해하는 사람들이 늘어나고 있다. 스페이스뱅크는 사람들의 이런 궁금증을 해결하기 위해 더 많은 공간을 탐색하고 공간 이용자들에게 소개할 수 있도록 노력할 것이다.

마지막으로 공간 취재에 응해 주신 공간 운영자분들께 감사의 인사를 전하고 싶다. 공간 운영자분들이 넓은 마음으로 양해해주신 덕분에 우리는 다양한 공간을 만나고 이를 콘텐츠로 만들 수 있었고, 각양각색의 이야기를 들으며 더 많은 생각과 폭넓은 경험을 할 수 있었다.

또한 저마다 개성을 가지고 매력을 뽐내는 공간들 덕분에 눈과 마음이 즐겁기도 했다. 부디 독자분들도 우리가 느낀 즐거움을 조금이나마 느껴볼 수 있기를 바란다.